U0316018

机械加工专用工艺装备设计技术与案例

胡运林 著

北 京

冶 金 工 业 出 版 社

2017

内 容 提 要

本书共分 6 章，针对不同工艺装备列举了基于生产实际的典型案例，主要内容包括刃具及其工具设计、车床专用夹具设计、钻床专用夹具设计、铣床专用夹具设计、其他机床夹具设计、大型工艺装备设计等。

本书可供机械设计制造工程技术人员使用，也可作为机械设计制造专业学生的教学用书或参考用书。

图书在版编目（CIP）数据

机械加工专用工艺装备设计技术与案例/胡运林著 . —北京：冶金工业出版社，2017.7
ISBN 978-7-5024-7513-0

Ⅰ.①机… Ⅱ.①胡… Ⅲ.①金属切削—机械设备—设计—案例 Ⅳ.①TG502

中国版本图书馆 CIP 数据核字（2017）第 134637 号

出 版 人　谭学余
地　　　址　北京市东城区嵩祝院北巷 39 号　邮编　100009　电话　（010）64027926
网　　　址　www.cnmip.com.cn　电子信箱　yjcbs@cnmip.com.cn
责任编辑　陈慰萍　美术编辑　吕欣童　版式设计　孙跃红
责任校对　李　娜　责任印制　牛晓波
ISBN 978-7-5024-7513-0
冶金工业出版社出版发行；各地新华书店经销；三河市双峰印刷装订有限公司印刷
2017 年 7 月第 1 版，2017 年 7 月第 1 次印刷
169mm×239mm；13.75 印张；266 千字；208 页
55.00 元

冶金工业出版社　投稿电话　（010）64027932　投稿信箱　tougao@cnmip.com.cn
冶金工业出版社营销中心　电话　（010）64044283　传真　（010）64027893
冶金书店　地址　北京市东四西大街 46 号（100010）　电话　（010）65289081（兼传真）
冶金工业出版社天猫旗舰店　yjgycbs.tmall.com
（本书如有印装质量问题，本社营销中心负责退换）

前　言

　　"工欲善其事，必先利其器"，机械加工要高效顺利地进行，必须依靠先进的工艺装备。先进的机械加工工艺装备是完善机械加工工艺以及应用各项加工技术的基础，只有配备先进的机械加工工艺装备才能实现诸多加工设想，提升加工产业能效。从整体来看，机械加工工艺装备有很多，如车床、铣床、磨床、钻床、镗床等，这些机床设备是最基本的加工工艺装备，但仅凭这些装备还难以完成机械加工，还需要诸如刀具、夹具等工艺装备。专用工艺装备的开发，可以提高加工效能。随着制造业的发展，各国都把发展现代高效刀具作为提高制造业竞争力的重要手段。高效刀具的应用，可以大大降低刀具更换频率，提高工件的加工质量，提高劳动生产率，降低制造成本。专用夹具在生产中一直占据很重要的位置，无论是在传统机械制造中还是在以数控机床为基础的现代先进制造中，均不可缺少。专用夹具的使用能有效地降低劳动强度，提高劳动生产率，并获得较高的加工精度。尽管数控机床的使用，使专用机械加工设备的使用逐渐减少，但专用机械加工设备具有高效加工和设备投资小的优点，在目前生产实践中还有很高的开发和利用价值。因此，在机械加工生产中专用刀具、专用夹具和专用设备的开发和利用，可以为国民生产的发展提供有力的支撑。掌握专用刀具、专用夹具和专用设备的设计技术，可以为社会、企业和个人带来较大的经济效益和社会效益，这也是本书撰写的着力点和初衷。

　　本书以生产实际为基础，选择具有一定代表性的技术问题作为典型案例。通过对这些典型案例的阅读、思考和分析，读者可以建立起一套适合自己的、完整且又严密的技术设计思维方法，还可以提高自身分析问题、解决问题的能力，进而提高专业素质。同时，书中所选案例大多具有综合性技术特点，涉及材料力学、机械原理、机械设计、机械加工工艺、机加刀具等方面的知识，通过对这些案例的学习和思考，读者不仅可以培养综合运用各种知识和技巧处理生产实际中各种问题的能力，实现从理论到实践的转化，而且还可以培养创新的精神品质。

社会的发展依靠科技，科技的进步依靠人才，尤其是应用型技术人才。作者总结了二十余年的机械制造工程技术应用的企业工作经验和教学经验，归纳了机械加工专用工艺装备设计的实用方法和技能，以较为翔实的工程实践案例为载体汇总编写成为本书。希望本书能对机械制造工程技术人员和机械制造类专业学生起到抛砖引玉的作用，促其快速成长。

本书在撰写过程中，得到多位企业工程技术人员和教学经验丰富的教师的支持和帮助，在此表示衷心感谢。

对于本书不足之处，恳请广大读者批评指正。

作　者

2017 年 3 月

目　　录

1 刃具及其工具设计

1.1 微调镗刀杆的设计

常用的数显通用镗床在镗削内孔或车削外圆时，工件尺寸的精度通常采用试切法和调整法相结合的方法来保证。但由于常用的刀体不可微调，人为影响因素大，因此加工出的孔或轴的边沿经常出现挖刀甚至报废现象。同时因反复对刀，故加工辅助时间长，生产效率低。另外，刀体的装夹是采用螺钉直接顶压刀体，因此稳定性差，易振动，且夹紧不牢固。

为解决这一问题，设计一可以微调的镗刀杆。如图 1-1 所示，该微调镗刀杆

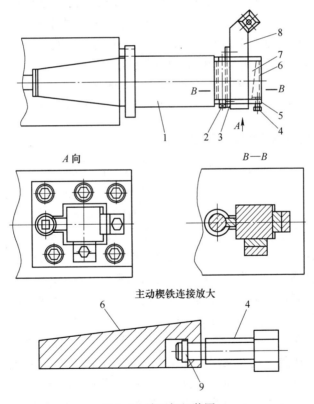

图 1-1　镗刀杆组装图

1—刀杆；2—微调螺杆；3—螺纹齿条；4—螺钉；5—挡板；6—主动楔铁；
7—从动楔铁；8—刀体；9—轴用挡圈

通过微调螺杆 2 的微调作用，控制刀体 8 的径向进给量。刀体 8 通过水平和垂直两方向的楔紧机构，利用斜面夹紧楔紧原理来实现夹紧。主动楔铁 6 的原始作用力由外力通过螺钉 4 的顶压获得，并通过主动楔铁 6 的斜面作用在从动楔铁 7 的斜面上，从动楔铁压向刀体 8。因为斜楔和螺钉都具有锁紧和增力的效果，所以夹紧牢固可靠，人工原始作用力小，夹紧方便快捷。此外，在刀体 8 上固连有螺纹齿条 3，在刀杆 1 上设置有前后两块挡板 5，在挡板 5 上设置有微调螺杆 2，螺旋齿条 3 和微调螺杆 2 形成螺旋配合。为使主动楔铁 6 能快速地松开和夹紧刀体 8，设置有螺钉 4。当螺钉 4 前进或后退时，可以带动主动楔铁前进或后退，以实现夹紧和松开刀体。为使螺杆 2 在前进时使楔铁夹紧刀杆、在后退时松开刀杆，设置有轴用挡圈 9 来实现楔铁与螺杆 2 的轴向定位。

当需调节镗刀尖的旋转半径或确定进给量时，可通过螺钉 4 松开主动楔铁 6，然后利用微调螺杆 2 来调节刀尖的径向尺寸或进给量。为了使进给量具有可读性，在挡板 5 上标出了角度刻度线。同时，为了克服螺杆齿条副的间隙，避免微调空行程，在松开主动楔铁 6 前，应使微调螺杆 2 有稍许预紧力。为了保证螺杆齿条副机构的正确啮合，刀体 8 与刀杆 1 上设置的安装孔的间隙不能太大，一般控制在 0.2~0.5mm，因在间隙小的情况下，楔铁的夹紧行程短，夹紧和放松都更快捷。另外，为了充分利用刀杆，可采用可转位机械夹固式硬质合金刀片。

此可微调的镗刀杆机构装夹可靠性好，刀体径向进给量的调整较为方便快捷。机构对刀体的刚度影响小，加工工艺性好，结构简单，实用性强。

1.2　差动斜楔精密微调镗刀排的设计

镗刀作为定尺寸刀具，其刀尖到镗杆轴心线的距离（镗刀半径），直接决定镗孔后孔径的大小。因此刀尖到镗杆轴心线距离的精确调整便成为提高加工质量和加工效率的重要因素。对此距离的调整，有的采用压电晶体补偿装置来对镗刀的径向尺寸进行微量调整，但此法调整量小，只适合于自动加工中对刀具磨损的自动补偿。较为普遍的调整方式是采用机械机构调整，主要方法是利用螺纹的微距调整功能来微调。现在生产现场使用的微调镗刀装置中，普遍存在以下一些问题：结构复杂，制造困难；装置调整范围过小；装置调整精度不够，不能满足加工质量要求；装置刚性不够；等等。

针对以上问题，结合在生产实践中，尤其是重型通用机械制造中，镗孔工序常安排在数显镗床上，且多采用手动调刀的加工方法，本设计提出一技术方案，在一根螺杆上设置同向而不同螺距的螺纹结构以形成螺距差动，结合斜楔机构的变向和变距作用，设计为差动斜楔精密微调镗刀排，达到对加工孔径进行精密微调的目的。该设计采用差动螺距作为微调机构，成功地解决了镗刀直径的精确调节问题。采用差动螺距可以获得比一般螺距更高的微调精度。装置中采用斜楔机构实现换向，使差动螺杆的空间布置可以平行于镗杆轴线而不是垂直于镗杆轴线，进而使整个装置安全性高，结构紧凑。装置中设置有两个刀杆安装位置，可以实现高效的镗刀排加工方式。刀杆接口采用莫氏锥实现连接，使刀具安装的通用性较大，可以安装镗刀、钻头、铣刀等多种刀具。

本镗刀排的有益效果为：结构简单，制造容易，微调精度高，通用性好，安全可靠，适用于镗床、铣床和钻床上作镗孔加工用，并且它设置了两个镗刀杆的安装位置，可双刀或多刀同时加工，以实现高效的镗削加工。

差动斜楔微调镗刀排的结构如图 1-2 所示。图中滑座 5 的锥柄安装在镗床主

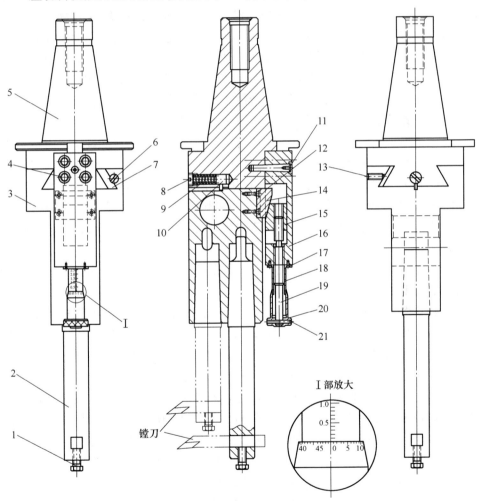

图 1-2　差动斜楔微调镗刀排的结构

1，4，6，12，17—螺钉；2—镗杆；3—滑体；5—滑座；7—楔铁；8—螺塞；9—弹簧；
10，21—圆柱销；11—内螺纹圆锥销；13—紧定螺钉；14，15—楔块；
16—挂架；18—固定套；19—双螺距螺杆；20—调节旋钮

轴孔中，实现与机床主轴的连接。滑座 5 与滑体 3 之间通过燕尾槽配合组装在一起，形成整个装置的基础件。由于加工时滑座 5 与机床主轴通过锥柄及端面键连接为一个整体，因此可以认为滑座 5 相对于机床主轴静止不动，而滑体 3 在燕尾槽的约束下，可以沿燕尾槽方向相对于机床主轴中心线做径向移动。这为实现镗刀直径的精确调整提供了条件。为便于制造，挂架 16 与滑座 5 分体制造，然后通过螺钉 4 和内螺纹圆锥销 11 与滑座 5 连接为一个整体。在挂架 16 上，设置有楔块 15 和双螺距螺杆 19。当双螺距螺杆 19 右旋拧动时，必然推动楔块 15 相对于图示位置向上移动。由于楔块 15 与楔块 14 的斜面贴合，因此进而推动楔块 14 向左移动。楔块 14 通过螺钉 12 固连在滑体 3 上，因此，楔块 14 左移，必然带动滑体 3 左移，而滑体 3 上安装了镗刀杆，从而实现将镗刀直径向大尺寸方向调整。同理，当拧动双螺距螺杆 19 左旋时，楔块 15 必然向下移动，由于在滑座 5 上设置了压缩弹簧 9，弹簧 9 推动圆柱销 10 有向右移动的趋势，而圆柱销 10 上设置有一止推钉，在止推钉作用下，滑体 3 向右移动的趋势。当楔块 15 下移时，在弹簧弹力作用下，必然推动滑体 3 连同楔块 14 右移，实现两楔块的斜面贴合，达到新的平衡位置点。螺钉 6 通过楔铁 7 实现燕尾副配合间隙的调整，而不参与对燕尾副的夹紧，主要防止夹紧力分力作用在加工直径敏感方向造成机构变形误差，影响微调精度和加工尺寸精度。当调整到所需加工刀具半径后，用紧定螺钉 13 对燕尾滑动副进行夹紧，以提高装置的接触刚度和加工稳定性。由于燕尾副间隙较小，在紧定螺钉作用下，楔铁 7 的变形很小，属于弹性变形，不会形成永久变形。

整个装置的核心部分为微调机构，主要完成对刀径的精确微量调整，下面对该部分进行单独介绍。

差动斜楔微调机构如图 1-3 所示。该机构的核心零件为双螺距螺杆。双螺距螺杆上设计有 M16×1.5 的螺纹和 M14×1.25 的螺纹，两螺纹均为右旋螺纹，其中 M16×1.5 的螺纹段与挂架上的内螺纹配合，M14×1.25 的螺纹段与楔块 15 的内螺纹配合。螺杆通过圆柱销与调节旋钮固连在一起。由于挂架与图 1-2 中滑座 5 固连，因此可以认为相对于机床主轴固定不动。当拧动调节旋钮右旋一周时，双螺距螺杆必然相对于挂架向右移动 1.5mm，而由于楔块 15 不能转动，只能移动，必然相对于螺杆向右移动 1.25mm。但由于楔块的参照物螺杆相对于挂架向右移动 1.5mm，形成差动结构，所以楔块 15 相对于挂架实际移动距离 S_1 为：

$$S_1 = 1.5 - 1.25 = 0.25\text{mm}$$

设置楔块的斜度为 1∶2，则当螺杆旋转一周时，楔块 14 向上移动的距离 S_2 为：

$$S_2 = S_1 \div 2 = 0.125\text{mm}$$

如图 1-2 中 I 部放大图所示，对调节旋钮 20 圆周进行 50 等分刻线，则当调

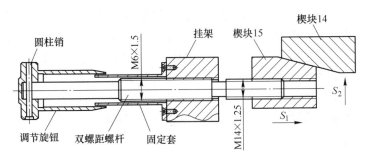

圆柱销　　挂架　　楔块15　　楔块14

M6×1.5

S_2

S_1

调节旋钮　双螺距螺杆　固定套　　M14×1.25

图1-3　差动斜楔微调机构

节旋钮每转过一个刻度时，楔块14向上移动的距离S_2'为：

$$S_2' = 0.125 \div 50 = 0.0025\text{mm}$$

折算到对加工孔的直径微调量$D_{S_2'}$为：

$$D_{S_2'} = S_2' \times 2 = 0.005\text{mm}$$

即，旋钮每旋转一个刻度，刀具直径增大（减小）0.005mm。

为减小调节旋钮部分的长度，使结构紧凑，调节旋钮和固定套的长度不能取得过长，设计二者之间的可调长度为45mm，则装置对加工刀具直径的有效微调总量D_S为：

$$D_S = (45 \div 1.5) \times 0.125 \times 2 = 7.5\text{mm}$$

本差动斜楔微调机构主要适用于孔的精镗加工，半精加工和粗加工也可以使用。使用时，将镗刀杆装入图1-2中滑体3的莫氏锥孔中，并装上镗刀，粗调镗刀位置，拧紧紧定螺钉13便可以进行加工。在完成一次走刀或试切一段孔后，测量孔的大小，计算出双边加工余量，然后松开紧定螺钉13，精确拧动外圆滚花防滑处理的调节旋钮20，使调节旋钮20的旋转刻度数K为：

$$K = 双边加工余量 \div 0.005$$

调整好后，拧紧紧定螺钉13便可以进行加工。

该机构对刀具直径的调节量最大为7.5mm，调节范围较窄，但该装置主要是针对精加工时精确调刀困难而开发设计的，它对孔径的调节精度在0.005mm，完全能够满足高精度孔的加工精度要求。精加工时，直径调整范围不大于7.5mm，完全可以满足使用要求。而在粗镗孔时，使用该装置也可以加工。粗加工时，加工尺寸精度要求很低，出现调节范围不够时，可以直接拧松图1-2中的螺钉1，轻轻敲击刀头尾端调整镗刀直径（可用钢板尺检查），然后拧紧螺钉1，便可以进行加工。因此，通过必要时更换刀杆的方法，该装置的孔径加工范围实际较大，可以在ϕ30～300mm尺寸内完成孔的镗削加工。

该装置成功地解决了镗刀直径的精确调节问题。采用螺距差动，使螺杆的相对螺距为0.25mm，与一般的螺杆螺距相比，微调精度更高。装置中采用斜楔进行微调和传动换向，差动螺杆的空间布置可以平行于镗杆轴线而不垂直于镗杆轴线，使整个装置外轮廓周边无外伸物件，安全性得到提高，结构也更紧凑。装置中有两个刀杆安装位置，可以实现高效的镗刀排加工方式。装置通过刀杆装刀方式，接口采用莫氏5号锥实现连接，使刀具安装的通用性较高，既可以安装镗刀进行镗孔，也可以安装钻头进行钻孔，还可以安装铣刀进行铣孔。该装置不但适用于普通镗铣床，也适用于数控镗铣床。它具有高精度、高效、安全可靠及通用性强的使用特点。

1.3　行星式内排屑深孔钻设计

随着机械加工技术的不断发展，孔加工的应用领域越来越广。小直径深孔是孔加工的重要组成部分，其较普通深孔，难度更高、精度更高、应用范围更广。无论是加工前的刀具选择，还是加工过程中的机床转速和进给量的调整，小直径深孔加工与普通深孔加工都有显著的区别。在生产中，小直径深孔的加工较为困难，主要表现在几个方面：

（1）钻头易折断。

（2）钻头偏摆，不易定心。

（3）钻头烧伤，工件表面质量差。

针对以上这几种现象逐一分析原因，可以得出，小直径深孔加工需要解决两方面的问题，一是排屑问题，二是冷却问题。主要解决方案为：从改进钻头入手，如图1-4所示，将钻头定制成空心结构；在柄部外圆面上开径向落屑槽4，该落屑槽与钻头通向尾端的内孔相通；在钻头后端设计外螺纹5与钻杆螺旋连接；在钻头前端后刀面上设计三条分屑槽1~3，通过三条分屑槽将切屑进行分割以获得较小的铁屑，有利于排屑；在钻头柄部外圆面上设置数条引流槽6。

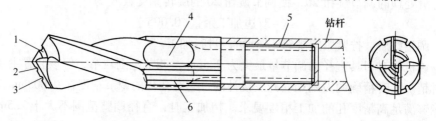

图 1-4　深孔钻头

1~3—分屑槽；4—落屑槽；5—外螺纹；6—引流槽

为实现内排屑，设计有如图1-5所示的内排屑装置。高压冷却液从密封头4进入钻杆5和密封头4形成的空腔中，并通过密封头4内孔与钻杆5之间的缝隙，再通过钻头2前端设置的引流槽进入钻头前端的切削区，对切削刃进行强制冷却。同时，冷却液流将铁屑通过钻头2上设置的落料槽冲入钻头内孔中，并最

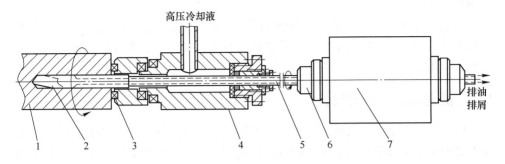

图 1-5 内排屑装置的结构

1—工件；2—钻头；3—密封圈；4—密封头；5—钻杆；6—夹持式联轴器；7—减速器

终通过钻杆 5 内孔实现内排屑。为提高钻削效率，设置有减速器 7 为钻杆 5 提供钻削动力。在减速器 7 两端设置有两个夹持式联轴器 6。这两个夹持式联轴器与减速器中空的输出轴圆周固连，且与钻杆夹持固连。

密封头的结构如图 1-6 所示。在其右端设置有由螺母 1~3 及密封垫 4 组成的密封组件，旋转头 7 前端设置有密封用垫圈 6。为实现工件和密封头之间的相互旋转，设置有单列辊子轴承 8 和推力球轴承 10。为将旋转头 7 压紧在工件端面，设置有螺母 11。螺母 11 与滑体 5 上设置的外螺纹形成螺旋副，拧动螺母，便能带动滑体 5 向左移动，从而将设置在旋转头 7 前端的密封垫圈 6 压紧在工件表面，

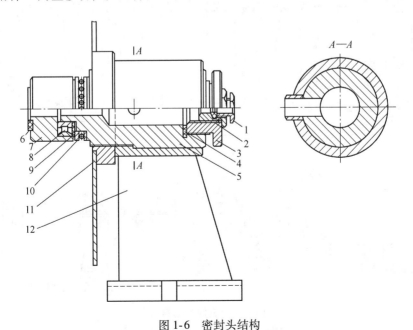

图 1-6 密封头结构

1~3，11—螺母；4，6，9—垫圈；5—滑体；7—旋转头；8，10—轴承；12—支架

起到密封作用。

刀具的有益效果主要有：工件和刀具（钻头）均为逆时针旋转，这使得工件钻孔过程平稳，性能稳定，加工孔径直线性好；负荷轻，出屑好，操作、刃磨方便，使用寿命长。

1.4　机夹深孔套料刀设计

深孔套料刀是深孔机床的一种专用刀具，它可以降低产品生产的费用，可以在需要加工的工件中成功套出一根可以再利用的棒料，使原来用钻头加工产生的铁屑变成现在可以再利用的成品。

1.4.1　机夹深孔套料刀的结构

如图 1-7 所示，本设计设置有四个刀头 4，分别均匀安置在刀体 1 前端，且刀头 4 采用燕尾形槽结构嵌入刀体 1，并用沉头螺钉与刀体固连，夹紧牢靠，稳定性好。四个刀头按刀号对角安装，且相邻的刀片顶部之间距离保持 0.3 mm，因此切削时能逐步切入，分屑良好。刀体设置有中空内孔，且在外圆柱面上设置有与钻杆相连的矩形螺纹。为防止刀头在加工导向时产生偏斜，在刀体上外圆柱面上设置有四个支承块 2。

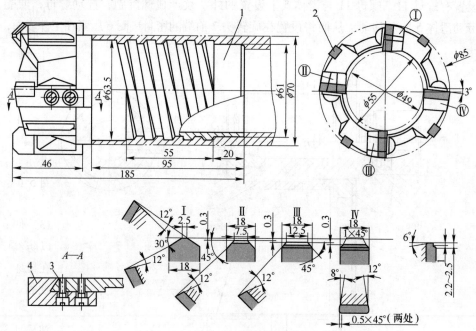

图 1-7　机夹深孔套料刀

1—刀体；2—支承块；3—螺钉；4—刀头

刀头采用小刀体结构,即硬质合金刀片与刀头本体采用钎焊,然后磨削加工成型。刀片前角采用12°,主后角采用6°,副后角采用12°。刀片采用YW类,D249改制,刀杆采用40Cr,调质处理,硬度260~300HB。

1.4.2 机夹深孔套料刀的使用条件

(1) 切削用量:切削速度$v=30m/min$,走刀量$s=0.05~0.10mm/r$。
(2) 使用机床:深孔机床。
(3) 冷却液:乳化液。油泵压力$p=0.3~1.3MPa$,流量$Q=12~22L/min$。

1.4.3 机夹深孔套料刀的有益效果

(1) 能套出一根长内芯,不但充分利用了原材料,而且对进一步了解工件材料的物理、机械性能提供了物质条件。
(2) 特别适合于脆性稀贵金属材料的深孔套料加工。
(3) 套料刀套料时切削平稳,分屑效果好,切削效率高。

1.5 机用攻丝夹头设计

在生产实践中,遇到丝锥直径大、较难攻的螺纹时,通常采用机动攻丝,以提高效率,减轻工人劳动强度。但机动攻丝时,主轴每转一转,要求刀具也必须准确移动一个导程。这对于普通机床,如摇臂钻床、镗床、铣床,甚至一般数控机床均难以实现。针对上述问题,较易实现的技术方案为:设计一具有自动螺距补偿功能的攻丝夹头,该机用攻丝夹头可用于钻床、车床、镗铣床、组合机床以及数控铣床等金属切削机床的螺纹孔攻丝工序。尤其在一般钻床、车床上使用该夹头,可大大减轻劳动强度,提高工作效率。在自动化程度较高的机床上使用此攻丝夹头可简化工作过程。

机用攻丝夹头的结构如图1-8所示,它由夹头体和丝锥套两部分组成。夹头体具有螺距补偿前后浮动装置。在夹头体内的弹簧22和23以及钢丝夹圈5可做轴向移动,使其在螺纹攻丝过程中具有前后浮动的补偿作用。

当切削负荷过载时,切削扭矩通过安全离合器12,压缩碟形弹簧13,使安全离合器12与离合器10滑动摩擦而脱开,此时丝锥即停止切削工件,以防丝锥折断。夹头体和丝锥套都具有滚珠斜面结构(见图1-8中的16和18),在机床不停车时按下滑动套8和定位套15,即可快速调换丝锥套和丝锥,使用方便省力。

在使用该机用攻丝夹头时,需注意以下事项:
(1) 该机用攻丝夹头的轴体9内孔与丝锥接口尺寸,可根据丝锥柄部尺寸设计成锥柄或直柄。
(2) 装配时,碟形弹簧的件数可按丝锥套规格的大小适当增减,通过调试

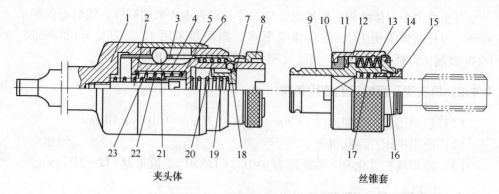

图 1-8　机用攻丝夹头结构

1—柄体；2—螺钉；3—套圈；4—滑轴；5—钢丝夹圈；6—外套；7—弹簧座；8—滑动套；
9—轴体；10—离合器；11—外壳；12—安全离合器；13—碟形弹簧；14—螺盖；
15—定位套；16，18，21—钢珠；17，19，20，22，23—弹簧

确定。

（3）装配时调整螺盖 14，使碟形弹簧承受丝锥在正常工作情况下的扭矩。

1.6　不重磨深槽割刀设计

1.6.1　切断过程的特点

深槽割刀主要用于车床和刨床切槽工序中。在普通车床上切断时，由于工件做旋转运动，而刀具做横向走刀运动，因此切深槽或切断过程具有以下特点：

（1）切削变形大。在切削排屑时，切断刀的一个主刀刃、两个副刀刃和两个刀尖同时参加切削，不仅前刀面受到摩擦的作用，产生塑性变形，而且切槽两侧还受到摩擦挤压，所以切削变形比相同切削用量下的车削外圆的变形要大。此外，切削时随着切削直径减小，切削变形逐渐变大，切削力也增大，排屑更为不畅，容易打坏刀具。

（2）切削力大。由于在切断过程中，切屑与刀具、工件与刀具之间的摩擦力较大，再加之切屑变形较大，因此切断刀的切削力要大于外圆车刀的。试验证明，切断刀的单位切削力比外圆车刀大 10%~20%。

（3）切削热比较集中，切削温度高。切断时，切削刃处于半封闭状态，四周都与工件接触，大量的摩擦热和变形热都不易散出去，特别是刀具散热面积又小，所以切削热集中在切削区和刀具刃口上，导致切削温度升高，加剧了刀具的磨损，尤其是两个刀尖最容易磨损。

（4）切断刀工作角度变化。切断时，由于刀具相对于工件的运动是一个平面螺旋运动，刀刃上的任意一点合成运动在工件端面上形成了阿基米德螺旋线。当然，刀具的工作角度也不断发生变化。当进给量越大，工件的直径越小时，切

断刀的工作前角越大,工作后角越小。因此,当切断刀快切至工件中心时,由于工件直径减小,工作后角也不断减小,甚至为负值,后刀面与工件发生严重摩擦,甚至使刀具折断等。

(5)切削刃刚度较差,容易产生振动。切断刀刀头越长,宽度越窄,切断刀的刚性就越差,在切削力的作用下,切断刀越容易产生振动,进而使刀头变形,降低工件表面质量。

(6)排屑困难。在切断过程中,切屑在狭窄的槽内排除,由于受到槽两侧面的摩擦阻力,断碎的切屑可能卡塞在槽内,引起振动和损坏刀具,因此,切断时的切屑应按一定方向卷曲以顺利排出。

1.6.2 不重磨深槽割刀的结构

针对上述切断过程的特点,可通过改进切断刀的刃形和结构,以改变切屑的断面形状和增加切断刀的强度,改善切削条件,减少振动,防止扎刀现象。

为此设计如图 1-9 所示的不重磨深槽割刀,该刀具有如下结构特点:

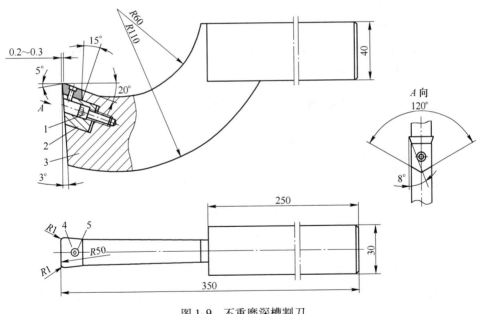

图 1-9 不重磨深槽割刀
1—螺钉;2—垫块;3—刀体;4—刀片;5—紧定螺钉

(1)采用大圆弧状刀体,增强了刀体刚性,切削时减少振动,受力情况良好。

(2)刀刃磨成 R50mm 大圆弧,前角较大,因此切削轻快。车削时用反切割,使切削力与工件重力方向一致,这可减少振动,并克服深割槽时长卷形切屑流通不畅而引起的崩刃现象。刨削时刀尖低于基面 2mm，这可有效地防止扎刀现象。

（3）刀垫与刀体为 120°V 形槽配合，可使刀垫相对于刀体定位正确。在刀体上部有 15°斜面与刀片斜面相接触，因此刀片装夹性能好，防止了由于间隙的存在而使刀片受冲击易崩刃的危险。

1.6.3　不重磨深槽割刀的主要参数与使用条件

（1）几何参数。前角 $\gamma = 20°$；后角 $\alpha = 4°$；副后角 $\alpha_1 = \alpha_2 = 3°$；主切削刃为 $R = 50mm$ 的圆弧；倒棱 $f = (0.10 \sim 0.15)mm \times (-5°)$；刀尖圆弧 $R = 1mm$。

（2）刀具材料。

1）刀片：牌号 YT15、YG8，型号 4K1615E4 改磨。

2）刀体：45 号钢，调质 250~270HB，头部热处理 40~45HRC。

3）刀垫：40Cr，热处理 50~55HRC。

（3）使用条件。

1）工件材料：中碳钢。

2）切削用量：切削速度 $v = 18 \sim 25m/min$，走刀量 $s = 0.15 \sim 0.20mm/r$。

3）使用机床：普通车床或刨床。

1.6.4　不重磨深槽割刀的有益效果与注意事项

工件加工槽的两侧平直度较好，表面粗糙度 R_a 可达 $3.2\mu m$，工效提高一倍以上。在车床上反切割 45 号锻钢件，具有良好效果。

在使用该设计时，需注意以下事项：主切削刃磨成大圆弧形，要求与刀体对称；在车床上反切割工件时，刀刃应高于中心 5mm，并使用乳化液冷却。

1.7　内圆台阶不重磨组合车刀设计

在加工多个内圆台阶面时，如采用普通车床车削，则加工效率低，加工尺寸稳定性差。在大批量生产时，上述缺点尤其突出。为此，可通过设计专用成型车刀来解决这一问题。

为加工图 1-10 所示零件的内孔台阶面，设计如图 1-11 所示的内圆台阶不重磨组合车刀。该专用车刀共有三个刀头，内孔中间台阶面由中间刀头加工，内孔外台阶面孔径由刀盘外圆上的两把车刀加工。

刀盘中间圆孔可按需要换装麻花钻、镗刀等工具。刀盘外圆上四条定位刀槽 1 可按需要装夹内外圆车刀、平面割槽刀、倒角刀等刀具，使用范围较广。

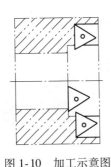

图 1-10　加工示意图

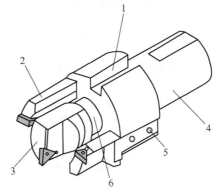

图 1-11　内圆台阶不重磨组合车刀
1—定位刀槽；2—内圆台阶车刀；3—锥柄内孔车刀；
4—主刀体；5—内六角螺钉；6—调整垫圈

本设计由于各刀片的位置布置合理，外双刀相对于主刀体 4 中心线呈对称布置，可以有效平衡主刀体的径向切削力，使得切削负荷分配较合理，因此切削平稳，断屑可靠，排屑良好。另外该设计可按零件加工要求，进行不同形式的组合，刀片调换方便。

本设计的刀具材料为：

（1）刀片：牌号 YT150，型号 3K1305E3。

（2）刀体：45 号钢，调质 235～250HB。

本设计的有益效果为：

（1）加工效率高，加工辅助时间短。

（2）切削负荷分配较合理，切削平稳，断屑可靠，排屑良好，加工质量稳定。

（3）适宜较大批量生产。

1.8　内孔脉冲滚压工具设计

在车床上对高精度内孔进行最终精加工，可采用珩磨，即用镶嵌在珩磨头上的油石（又称珩磨条）对精加工表面进行精整加工。但珩磨只能提高被加工孔的表面质量，不能提高其疲劳强度，而滚压加工却可以达到既提高表面质量，又强化其表面的目的。滚压是一种压力光整加工，也是一种无切削的塑性加工方法。它利用金属在常温状态的冷塑性特点，采用滚压工具对工件表面施加一定的压力，使工件表层金属产生塑性流动，填入原始残留的低凹波谷中，从而降低工件表面粗糙值。由于被滚压的表层金属发生塑性变形，因此金属表层组织冷硬化和晶粒变细，形成致密的纤维状和残余应力层，金属硬度和强度提高，从而改善了工件表面的耐磨性、耐蚀性和配合性。

1.8.1　内孔脉冲滚压工具的结构

一活塞销的滚压加工工序特制的内孔脉冲滚压工具如图 1-12 所示。

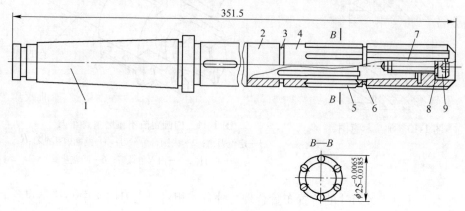

图 1-12　内孔脉冲滚压工具

1—刀杆；2—垫圈；3—调整垫圈；4—保持器；5—滚针；

6—保持器垫圈；7—导向器；8—弹簧垫圈；9—内六角螺钉

该内孔脉冲滚压工具由刀杆 1、保持器 4、滚针 5、导向器 7、弹簧垫圈 8 等组成。刀杆 1 用轴承钢制造，它与滚针 5 接触的工作部分的截面为圆弧与直线相间而形成的多边形，如图 1-13 所示。保持器 4 的圆周等分开六条轴向小槽，六

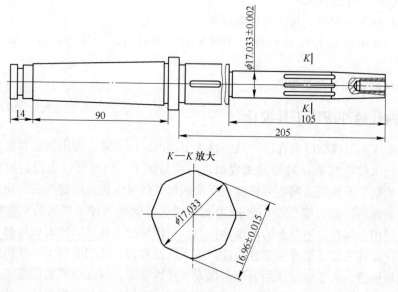

图 1-13　内孔脉冲滚压刀杆

根高精度滚针 5 分别塞入槽内。保持器 4 连同滚针与刀杆做相对转动。刀杆旋转，滚针依次与刀杆工作部分的圆弧及平面循环接触，于是发生强烈的径向脉冲，对工件内孔表面进行挤压，达到内孔较低的表面粗糙度和表面强化效果。

1.8.2 内孔脉冲滚压工具的使用

内孔脉冲滚压工具的锥柄固定在钻床主轴上。滚压加工时，主轴旋转，滚压头在工件孔内做上下运动。工件的安装必须保证与工作台面之间有一定的浮动量。被加工工件为铝合金材料，它的滚压余量是 0.015~0.03mm，在 Z35 型横臂钻床上用手动进给进行滚压，切削速度为 9m/min，采用清洁的轻质柴油或煤油作冷却剂。

滚压后，内孔尺寸精度及几何形状完全符合技术要求，粗糙度 R_a 低于 0.4μm。

在使用内孔脉冲滚压工具时，要注意：

（1）滚压过盈量（滚压余量）的大小，对加工效果影响很大。过盈量太小，滚压后表面粗糙度高；过盈量太大，易使表面产生"脱皮"、"麻点"现象。一般过盈量控制在 0.015~0.03mm。

（2）滚针要进行挑选分组，每组不少于 10 件，尺寸相差在 0.002mm 内，然后再次测量分组，每组不少于 6 件。以最小一组尺寸作为确定刀杆工作部分尺寸的依据。

（3）选用的一组滚针，用手工磨削，滚针两端磨成圆头，并进行表面抛光。

（4）刀杆热处理后对工作部分进行精磨。根据滚针加工后的尺寸及工件孔径尺寸的要求，把外径磨到一定大小。刀杆锥度要求在全长小于 0.0025mm。精磨后再加工 8 等分的小平面，最后对工作部分进行表面抛光处理。刀杆的多边形不能是 6 的倍数，边数随孔径的增大而增多。

（5）保持器材料用 HPb59-1 黄铜制成。容纳滚针六条槽的轴线与刀杆轴线必须保证平行。一旦保持器的槽被磨损而加宽就会引起滚针倾斜，精度即行降低。

1.9 自动抬刀式不重磨刨刀设计

刨刀根据用途可分为纵切、横切、切槽、切断和成型刨刀等。刨刀的结构与车刀基本类似，但刨刀工作时为断续切削，受冲击载荷。因此，在同样的切削截面下，刨刀刀杆断面尺寸较车刀大 1.25~1.5 倍。同时，刨刀刀杆采用较大的负刃倾角（-20°~-10°），以提高切削刃抗冲击载荷的性能。为了避免刨刀刀杆在切削力作用下产生弯曲变形，从而使刀刃啃入工件，通常使用弯头刨刀。

为提高刀杆的使用率，降低刀具制作成本，可采用机夹不重磨刨刀。如图 1-14

所示，自动抬刀式不重磨刨刀由刀杆 1、楔块 2、刀垫 3、滚珠 4、弹簧铰链 5、半圆头螺钉 6、内六角螺钉 7、圆柱销 8 和刀片 9 组成。刀片 9 设置在刀垫 3 上，并通过圆柱销 8 实现与刀杆 1 的位置固定。楔块 2 通过内六角螺钉 7 作用在刀片 9 和刀杆 1 之间，将刀片 9 夹紧。弹簧铰链 5 通过半圆头螺钉 6 设置在刀杆 1 上。滚珠 4 设置在弹簧铰链 5 前端。

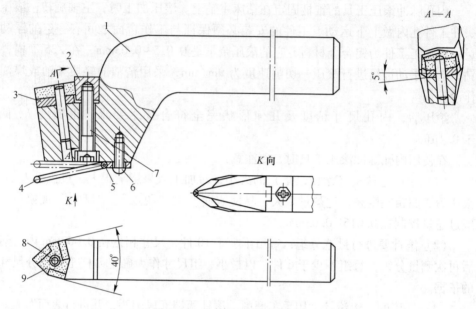

图 1-14　自动抬刀式不重磨刨刀

1—刀杆；2—楔块；3—刀垫；4—滚珠；5—弹簧铰链；6—半圆头螺钉；

7—内六角螺钉；8—圆柱销；9—刀片

在刨削加工时，刀具对工件进行切削。此时，在进给方向，由于滚珠的位置略高于刀尖，在进给力作用下，弹簧铰链 5 连同滚珠 4 向后转动，滚珠 4 在已加工表面滑行；在进给终端位置，刀具后退，弹簧铰链 5 提供反向作用力将刀具抬起。

自动抬刀式不重磨刨刀的特点是：

（1）刀片采用楔块压紧，夹紧力大，刀片定位准确可靠。

（2）刀杆装有简易铰链式抬刀装置，使刀尖不易磨损或崩刃。

（3）刀具采用较大的刃倾角，能承受较大的冲击力。

刀具材料为：

（1）刀片：牌号 YT15，型号 T3K1610B3。

（2）刀杆：45 号钢，调质 225~250HB。

自动抬刀式不重磨刨刀的工效比焊接刀具提高 1~2 倍。但需注意：

（1）加工铸铁时须调换 YG 类刀片。

（2）调整行程时，刨刀的前空程要大。

1.10 卡盘式平旋盘设计

卧式镗床平旋盘主要用于加工圆形或圆环形平面。切削刀具安装在平旋盘的径向刀架上，平旋盘只能旋转，装在它上面的径向刀架可以在垂直于主轴轴线方向的径向做进给运动。平旋盘尤其适合用车刀切削端面。在加工各种异形管道的环形表面时，因工件较大，形状复杂，车床上加工装夹困难。特别是中小型工厂在缺乏设备的情况下，可以利用普通车床三爪卡盘改装成的如图 1-15 所示夹具，即能在普通铣床上进行加工。这种夹具结构简单，制造方便，使用效果良好。

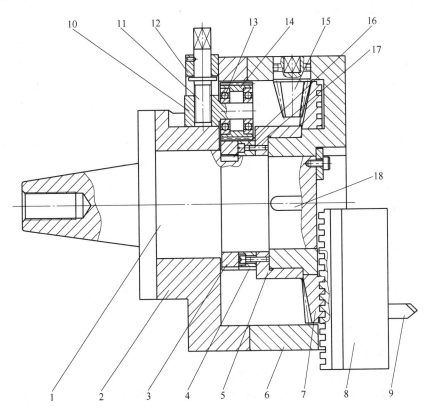

图 1-15 卡盘式平旋盘

1—主轴；2—托盘；3，4，14—齿轮；5—轴套；6—盘体；7—锥形齿盘；8—卡盘刀排；

9—刀具；10—螺母心轴；11—丝杠；12—压板；13—滚珠轴承；15—小伞齿轮；

16，18—键；17—螺钉

1. 10. 1　卡盘式平旋盘的结构

如图 1-15 所示，主轴 1 采用 7∶24 锥度与动力头锥孔相配合。托盘 2 与主轴为动配合，齿轮 3 与主轴由键 16 连接固定。盘体 6 与主轴由键 18 连接固定。齿轮 4 用内六角螺钉固定在轴套 5 上，轴套再与锥形齿盘 7 点焊，这样齿轮、轴套、锥形齿盘成为一体，并与主轴和盘体的配合为动配合。卡盘刀排 8 在盘体中可径向移动，并和锥形齿盘 7 的齿相啮合。小伞齿轮 15 与锥形齿盘的配合和动作与普通三爪卡盘相同。齿轮 14 通过轴承 13 固定在螺母心轴 10 的轴上可做旋转运动，并与齿轮 3、4 同时啮合。螺母心轴嵌于托盘的滑槽内，通过丝杠 11 做上下运动。当做径向进给旋削时，先要旋转丝杠，使螺母心轴压紧在托盘滑槽的底端，并保证齿轮 14 与齿轮 3 与 4 有良好的啮合。

1. 10. 2　卡盘式平旋盘的使用

当动力头带动主轴转动时，整个平旋盘一起转动。切削进给时，先制动托盘 2，使齿轮 14 停止周转。齿轮 14 只能在齿轮 3 的带动下绕螺母心轴 10 转动，从而带动齿轮 4 转动。而齿轮 4 与轴套 5 通过螺钉 17 固连，轴套 5 与锥形齿盘 7 采用焊接固连，因此当齿轮 4 转动时，便能带动锥形齿盘 7 转动，促使卡盘刀排 8 径向移动，达到径向进给的目的。

该平旋盘径向进给是采用一齿差的差动机构。径向进给过程如下：齿轮 3（71 齿）比齿轮 4（72 齿）少一齿。当齿轮 3 转一圈时，齿轮 14 与齿轮 3 转了相同的齿数，即 71 个齿。同时齿轮 14 将 71 个齿传给齿轮 4，则齿轮 4 转了一圈少 1 齿，亦即锥形齿盘 7 在整个平旋盘转一圈时，少转了 1/72 圈，也就是卡盘刀排 8 径向移动了 1/72 的齿距。如果刀排齿距是 10mm，则径向移动 $\delta = 10 \times 1/72 = 0.14$mm。

停车后，顺向旋转丝杠 11 使螺母心轴 10 上升，齿轮 14 随之与齿轮 3、4 脱离啮合。再用卡盘扳手转动小伞齿轮 15，使锥形齿盘 7 快速转动，刀具返回原处。

另外，在一处切削完成后，不用退刀，将刀具在另一端调转 180°，开倒车即可继续进行切削。

在使用卡盘式平旋盘时，应注意：

（1）盘体与主轴和动力头的轴线要保持垂直，否则旋削的法兰面会呈凹面或凸面形，影响质量。

（2）轴套与锥形齿盘点焊时要防止锥形齿盘受热变形。轴套与锥形齿盘亦可采用其他方法连接。

2 车床专用夹具设计

2.1 专用夹具的基本要求和设计步骤

2.1.1 专用夹具的基本要求

（1）能保证工件的加工精度。专用夹具应有合理的定位方案，合适的尺寸、公差和技术要求，并进行必要的精度分析，确保夹具能满足工件的加工精度要求。

（2）能提高生产效率。专用夹具应根据工件生产批量的大小进行设计，以缩短辅助时间，提高生产效率。

（3）工艺性好。专用夹具的结构应简单、合理，便于加工、装配、检验和维修。专用夹具的制造属于单件生产。当最终精度由调整或修配保证时，夹具上应设置调整或修配结构，如设置适当的调整间隙，采用可修磨的垫片等。

（4）使用性好。专用夹具的操作应简便、省力、安全可靠，排屑应方便，必要时可设置排屑结构。

（5）经济性好。除考虑专用夹具本身结构简单、标准化程度高、成本低廉外，还应根据生产纲领对夹具方案进行必要的经济分析，以提高夹具的经济性。

2.1.2 专用夹具的设计步骤

（1）明确设计任务，收集设计资料。夹具设计的第一步是在已知生产纲领的前提下，研究被加工工件的零件图、工序图、工艺规程和设计任务书，对工件进行工艺分析。其主要是要了解工件的结构特点、材料；确定各工序的加工表面、加工要求、加工余量、定位基准和夹紧表面及所用的机床、刀具、量具等。

其次是根据设计任务收集有关资料，如机床的技术参数，夹具零部件的国家标准、部颁标准和厂订标准，各类夹具图册、夹具设计手册等，还可收集一些同类夹具的设计图样，并了解该厂的工装制造水平，以供参考。

（2）拟定夹具结构方案，绘制夹具草图。

1）确定工件的定位方案，设计定位装置。

2）确定工件的夹紧方案，设计夹紧装置。

3）确定对刀或导向方案，设计对刀或导向装置。

4）确定夹具与机床的连接方式，设计连接元件及安装基面。

5）确定和设计其他装置及元件的结构形式，如分度装置、预定位装置及吊装元件等。

6）确定夹具体的结构形式及夹具在机床上的安装方式。

7）绘制夹具草图，并标注尺寸、公差及技术要求。

（3）进行必要的分析计算。工件的加工精度较高时，应进行工件加工精度分析。有动力装置的夹具，需计算夹紧力。当有几种夹具方案时，可进行经济分析，选用经济效益较高的方案。

（4）审查方案，改进设计。夹具草图画出后，应征求有关人员的意见，并送有关部门审查，然后根据他们的意见对夹具方案作进一步修改。

（5）绘制夹具装配总图。夹具的总装配图应按国家制图标准绘制。绘图比例尽量采用 1：1。主视图按夹具面对操作者的方向绘制。总图应把夹具的工作原理、各种装置的结构及其相互关系表达清楚。

夹具装配总图的绘制次序如下：

1）用双点划线将工件的外形轮廓、定位基面、夹紧表面及加工表面绘制在各个视图的合适位置上。在总图中，工件可看作透明体，不遮挡后面夹具上的线条。

2）依次绘出定位装置、夹紧装置、对刀或导向装置、其他装置、夹具体及连接元件和安装基面。

3）标注必要的尺寸、公差和技术要求。

4）编制夹具明细表及标题栏。

（6）绘制夹具零件图。夹具中的非标准零件均要画零件图，并按夹具总图的要求，确定零件的尺寸、公差及技术要求。

2.2　夹具体的设计要求

夹具上的各种装置和元件通过夹具体连接成一个整体。因此，夹具体的形状及尺寸取决于夹具上各种装置的布置及夹具与机床的连接。夹具体应满足以下要求：

（1）有适当的精度和尺寸稳定性。夹具体上的重要表面，如安装定位元件的表面、安装对刀或导向元件的表面以及夹具体的安装基面（与机床相连接的表面）等，应有适当的尺寸和形状精度，它们之间应有适当的位置精度。

为使夹具体尺寸稳定，铸造夹具体要进行时效处理，焊接和锻造夹具体要进行退火处理。

（2）有足够的强度和刚度。加工过程中，夹具体要承受较大的切削力和夹紧力。为保证夹具体不产生不允许的变形和振动，夹具体应有足够的强度和刚度，因此夹具体需有一定的壁厚。铸造和焊接夹具体常设置加强肋，框架式夹具体可以在不影响工件装卸的情况下采用。

（3）结构工艺性好。夹具体应便于制造、装配和检验。铸造夹具体上安装各种元件的表面应铸出凸台，以减少加工面积。夹具体毛面与工件之间应留有足够的间隙，一般为 4~15mm。夹具体的结构形式如图 2-1 所示，分为开式结构、半开式结构和框架式结构等，应按便于工件的装卸进行选用。

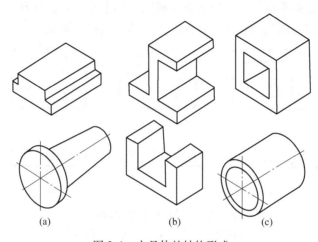

图 2-1 夹具体的结构形式

（a）开式结构；（b）半开式结构；（c）框架式结构

（4）排屑方便。切屑多时，夹具体上应考虑排屑结构。排屑结构如图 2-2 所示，其中图 2-2（a）所示为在夹具体上开排屑槽；图 2-2（b）所示为在夹具体下部设置排屑斜面，斜角可取 30°~50°。

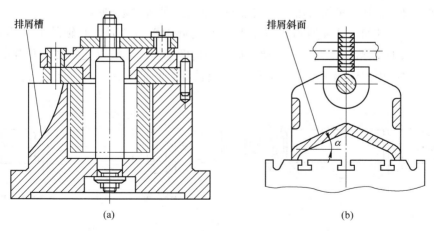

图 2-2 夹具体上设置排屑结构

（a）排屑槽；（b）排屑斜面

（5）在机床上安装稳定可靠。夹具在机床上的安装都是通过夹具体上的安装基面与机床上相应表面的接触或配合实现的。在机床工作台上安装夹具时，夹具的重心应尽量低，因为重心越高支承面需越大；夹具底面四边应凸出，使夹具体的安装基面与机床的工作台面接触良好。夹具体安装基面的形式如图2-3所示。接触边或支脚的宽度应大于机床工作台梯形槽的宽度，而且应一次加工出来，并保证一定的平面精度；当夹具在机床主轴上安装时，夹具安装基面与主轴相应表面应有较高的配合精度，并保证夹具体安装稳定可靠。

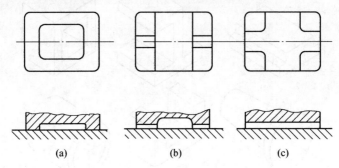

（a）　　　　　　　　（b）　　　　　　　　（c）

图2-3　夹具体安装基面的形式

（a）周边接触；（b）两端接触；（c）四脚接触

2.3　车床夹具的典型结构

2.3.1　心轴类车床夹具

心轴类车床夹具多用于以内孔作为定位基准，加工外圆柱面的情况。常见的心轴有圆柱心轴、弹簧心轴、顶尖心轴、液性介质弹性心轴等。

圆柱心轴如图2-4所示。图2-4（a）为间隙配合心轴。心轴的工作部分按h6、g6或f7制造，工件装卸方便，但定心精度不高。一般以孔和端面联合定位，轴向尺寸可用钢球测量。图2-4（b）为过盈配合心轴。其导向部分L_1的直径D_1

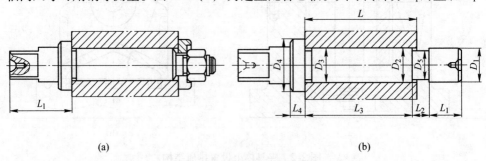

（a）　　　　　　　　　　　　　　　（b）

图2-4　圆柱心轴

（a）间隙配合心轴；（b）过盈配合心轴

的基本尺寸为工件定位孔的最小极限尺寸，按 f6 制造。其定位部分 L_3 的直径 D_2 按两种情况制造：当心轴与工件的配合长度小于孔径时，按过盈配合 r6 制造；当配合长度大于孔径时，应做成锥形，按前端间隙配合 h6、后端过盈配合 r6 制造。这种心轴定心准确，但装卸不方便，且易损伤工件的定位孔，一般用于定心精度要求较高的场合。这类心轴直径在定心夹紧时不能改变，又称"刚性心轴"。

弹簧心轴如图 2-5 所示。图 2-5（a）为前推式弹簧心轴。转动螺母 1，弹簧筒夹 2 前移，使工件定心夹紧。这种结构工件不能进行轴向定位。图 2-5（b）为带强制退出的不动式弹簧心轴。转动螺母 3，滑条 4 后移，使锥形拉杆 5 移动而将工件定心夹紧。反转螺母，滑条前移而使筒夹 6 松开。此筒夹元件不动，依靠其台阶端面对工件实现轴向定位。该心轴常用于不通孔作为定位基准的工件。图 2-5（c）为加工长薄壁工件用的分开式弹簧心轴。心轴体 12 和 7 分别置于车床主轴和尾座中，用尾座顶尖套顶紧时，锥套 8 撑开筒夹 9，使工件右端定心夹紧。转动螺母 11，筒夹 10 移动，依靠心轴体 12 的 30° 锥角将工件另一端定心夹紧。

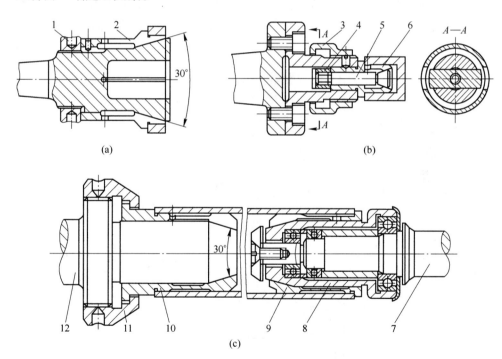

(a)   (b)

(c)

图 2-5 弹簧心轴

（a）前推式弹簧心轴；（b）不动式弹簧心轴；（c）分开式弹簧心轴

1，3，11—螺母；2，6，9，10—筒夹；4—滑条；5—拉杆；7，12—心轴体；8—锥套

顶尖式心轴如图 2-6 所示。工件以孔口 60° 角定位，旋转螺母 6，活动顶尖套

4左移，使工件定心夹紧。这类心轴结构简单，夹紧可靠，操作方便，适合于加工内外孔无同轴度要求或只需加工外圆的套筒类零件。

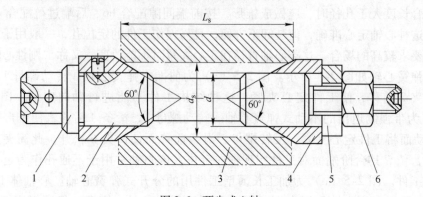

图 2-6　顶尖式心轴

1—心轴；2—固定顶尖套；3—工件；4—活动顶尖套；5—快换垫圈；6—螺母

液性介质弹性心轴如图 2-7 所示。弹性元件为薄壁套 5，它的两端与夹具体 1 为过渡配合，两者间的环形槽与通道内灌满黄油、全损耗系统用油。拧紧加压

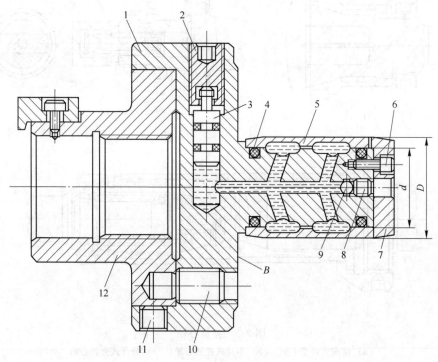

图 2-7　液性介质弹性心轴

1—夹具体；2—加压螺钉；3—柱塞；4—密封圈；5—薄壁套；6—螺钉；
7—端盖；8—螺塞；9—钢球；10,11—调整螺钉；12—过渡盘

螺钉2，使柱塞3对密封腔内的介质施加压力，迫使薄壁套产生均匀的径向变形，将工件定心并夹紧。当反向拧动加压螺钉2时，腔内压力减小，薄壁套依靠自身弹性恢复原始状态而使工件松开。安装夹具时，定位薄壁套5相对机床主轴的跳动，靠调整三个螺钉10及三个螺钉11来保证。

液性介质弹性心轴及夹头的定心精度一般为0.01mm，最高可达0.005mm。由于薄壁套的弹性变形不能过大，一般径向变形量 $\varepsilon = (0.002 \sim 0.005)D$，因此，它只适用于定位孔精度较高的精车、磨削和齿轮加工等精加工工序。

薄壁套的结构尺寸和材料、热处理等，可从《机床夹具手册》中查到。

2.3.2 角铁式车床夹具

夹具体呈角铁状的车床夹具称为角铁式车床夹具，其结构不对称，用于加工壳体、支座、杠杆、接头等零件上的回转面和端面。

图2-8所示为整体式角铁车床夹具。图中角铁1固连在机床主轴5上，工件3通过定位销2在角铁1上占据一正确的空间位置，并通过夹紧元件固连在角铁上。为防止工件在旋转时由于质量偏心产生离心力而对机床产生损害，设置有平衡块4使整个夹具的质量中心回到工件旋转中心上。

图2-9所示为花盘-角铁式组合车床夹具。图中角铁1固连在花盘3上，工件2定位夹紧在角铁1上，并通过平衡块4使整个夹具达到静平衡。

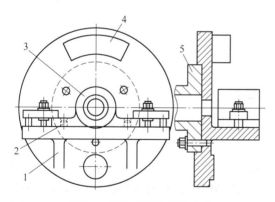

图2-8　整体式角铁车床夹具
1—角铁；2—定位销；3—工件；
4—平衡块；5—机床主轴

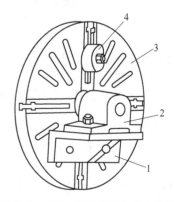

图2-9　花盘-角铁式组合车床夹具
1—角铁；2—工件；3—花盘；4—平衡块

2.3.3 其他车床专用夹具

车床专用夹具的设计往往需根据工件的具体形状、大小和车床本身的结构特点来综合考虑，很难将一些特殊车床专用夹具归为哪一类，因此将这些特殊车床专用夹具统称为其他车床专用夹具。

如图 2-10 所示，可以利用车床的四爪卡盘为夹具安装接口，在四爪卡盘上设置夹具体 1，夹具体 1 上设置夹紧螺钉 2 和定位钉 3，当调整好夹具体和机床主轴旋转中心的正确位置后，通过四爪卡盘将夹具体夹紧，便能实现在夹具体上快速的定位和夹紧工件。该装置可以满足小批量生产的高效加工要求。

如图 2-11 所示，可以利用开口的夹紧套 1，对薄壁管类零件实现装夹。该装置可以使薄壁管类零件的夹紧变形小，定位准确可靠。

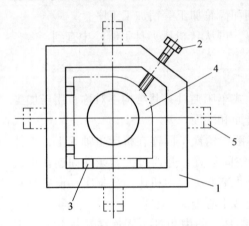

图 2-10 四爪卡盘安装夹具
1—夹具体；2—夹紧螺钉；3—定位钉；
4—工件；5—四爪卡盘

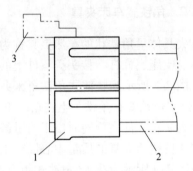

图 2-11 夹紧套安装工件
1—夹紧套；2—工件；3—卡盘

2.4 车床夹具设计要点

2.4.1 在机床主轴上安装方式的设计要点

车床夹具与机床主轴的配合表面之间必须有一定的同轴度和可靠的连接，其通常的连接方式有以下几种：

（1）夹具通过主轴锥孔与机床主轴连接。当夹具体两端有中心孔时，夹具安装在车床的前后顶尖上。当夹具体带有锥柄时，夹具通过莫氏锥柄直接安装在主轴锥孔中，并用螺栓拉紧，如图 2-12（a）所示。这种安装方式的安装误差小，定心精度高，适用于小型夹具。一般 $D < 140\text{mm}$ 或 $D < (2 \sim 3)d$。

（2）夹具通过过渡盘与机床主轴连接。径向尺寸较大的夹具，一般用过渡盘安装在主轴的头部。过渡盘与主轴配合处的形状取决于主轴前端的结构。

图 2-12（b）所示的过渡盘，以内孔在主轴前端的定心轴颈上定位（采用 H7/h6 或 H7/js6 配合），用螺纹紧固。轴向由过渡盘端面与主轴前端的台阶面接触。为防止停车和倒车时因惯性作用使两者松开，用压块 4 将过渡盘压在主轴上。这种安装方式的安装精度受配合精度的影响，常用于 C620 机床。

图 2-12（c）所示的过渡盘，以锥孔和端面在主轴前端的短圆锥面和端面上定位。安装时，先将过渡盘推入主轴，使其端面与主轴端面之间有 0.05~0.1mm 间隙，用螺钉均匀拧紧后，产生弹性变形，使端面与锥面全部接触，这种安装方式定心准确，刚性好，但加工精度要求高，常用于 CA6140 机床。

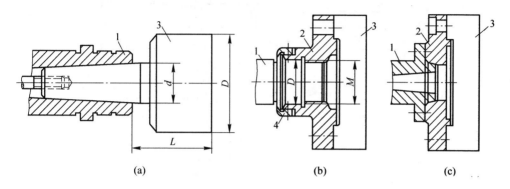

图 2-12　车床夹具与机床主轴的连接
1—主轴；2—过渡盘；3—专用夹具；4—压块

常用的几种车床主轴前端的形状及尺寸，可参阅图 2-13。

图 2-13 中，过渡盘与夹具体之间用"止口"定心，即夹具体的定位孔与过渡盘的凸缘以 H7/f7、H7/h6、H7/js6 或 H7/n6 配合，然后用螺钉固紧。过渡盘常作为车床附件备用。设计夹具时，应按过渡盘凸缘确定夹具的止口尺寸。没有过渡盘时，可将过渡盘与夹具体合成一个零件设计。也可采用通用花盘来连接主轴与夹具。具体做法是：将花盘装在机床主轴上，临床车一刀端面，以消除花盘的端面安装误差，并在夹具体外圆上制一段找正圆，用来保证夹具相对主轴轴线的径向位置。

2.4.2　找正基面的设计要点

为了保证车床夹具的安装精度，安装时应对夹具的限位表面进行仔细的找正。若夹具的限位面为与主轴同轴的回转面，则直接用限位表面找正它与主轴的同轴度，如图 2-7 中液性介质弹性心轴的外圆面。若限位面偏离回转中心，则应在夹具体上专门制一孔（或外圆）作为找正基面，使该面与机床主轴同轴，同时，该孔（或外圆）也作为夹具的设计、装配和测量基准。

为保证加工精度，车床夹具的设计中心（即限位面或找正基面）对主轴回转中心的同轴度应控制在内 $\phi0.01$mm 之内，限位端面（或找正端面）对主轴回转中心的跳动量也不应大于 0.01mm。

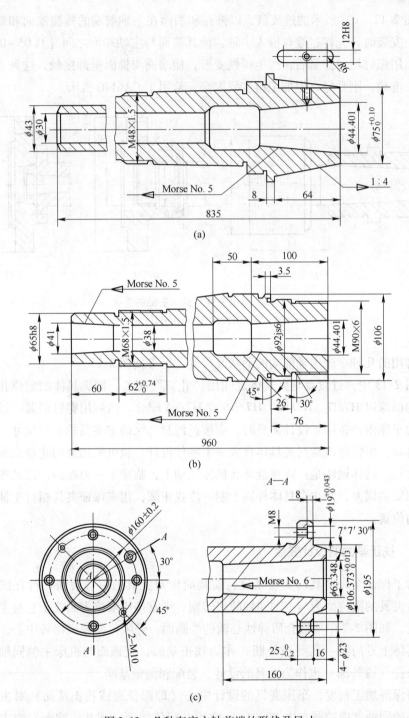

图 2-13　几种车床主轴前端的形状及尺寸
(a) C616、C616A 主轴；(b) C620 主轴；(c) CA6140、CA6150、CA6240、CA6250 主轴

2.4.3 定位元件的设计要点

设置定位元件时应考虑使工件加工表面的轴线与主轴轴线重合。对于回转体或对称零件，一般采用心轴或定心夹紧式夹具，以保证工件的定位基面、加工表面和主轴三者的轴线重合。

对于壳体、支架、托架等形状复杂的工件，由于被加工表面与工序基准之间有尺寸和相互位置要求，所以各定位元件的限位表面应与机床主轴旋转中心具有正确的尺寸和位置关系。

为了获得定位元件相对于机床主轴轴线的准确位置，有时采用"临床加工"的方法，即限位面的最终加工就在使用该夹具的机床上进行，加工完之后夹具的位置不再变动。这种方法可以避免很多中间环节对夹具位置精度的影响。如采用不淬火三爪自定心卡盘的卡爪，装夹工件前，先对卡爪"临床加工"，以提高装夹精度。

2.4.4 夹紧装置的设计要点

车床夹具的夹紧装置必须安全可靠。夹紧力必须克服切削力、离心力等外力的作用，且自锁可靠。对于高速切削的车、磨夹具，应进行夹紧力克服切削力和离心力的验算。若采用螺旋夹紧机构，一般要加弹簧垫圈或使用锁紧螺母。

2.4.5 夹具平衡的设计

对于车床类夹具而言，由于夹具随同机床主轴高速旋转，因此应有平衡措施，以消除回转不平衡产生的振动现象。常采用配重法来实现车床夹具的静平衡。在平衡配重块上应开有弧形槽，以便将其调整至最佳平衡位置后用螺钉固定（见图 2-9）；也可在夹具体上加工减重孔来达到平衡。

2.4.6 夹具结构设计要点

在设计夹具结构时，要求：

（1）结构要紧凑，悬伸长度要短。车床夹具的悬伸长度过大，会加剧主轴轴承的磨损，同时引起振动，影响加工质量。因此，夹具的悬伸长度 L 与轮廓直径 D 之比应控制如下：

直径小于 150mm 的夹具，$L/D \leqslant 2.5$；

直径在 150~300mm 之间的夹具，$L/D \leqslant 0.9$；

直径大于 300mm 的夹具，$L/D \leqslant 0.6$。

（2）车床夹具的夹具体应制成圆形，夹具上（包括工件在内）的各元件不应伸出夹具体的轮廓之外。当夹具上有不规则的突出部分，或有切削液飞溅及切屑缠绕时，应加设防护罩。

（3）夹具的结构应便于工件在夹具上安装和测量，切屑能顺利排出或清理。

2.5　车床夹具的加工误差分析

工件在车床夹具上的加工误差的大小将直接影响加工尺寸精度和形位精度，应根据具体车床夹具进行分析、计算。加工误差的大小与工件在夹具上的定位误差 Δ_D、夹具误差 Δ_J、夹具在主轴上的安装误差 Δ_A 和加工方法误差 Δ_G 相关。应先对单一误差进行计算，然后对各误差在加工尺寸方向求矢量和，结果便是总的加工误差。

必须指出的是：所算出的加工误差只是针对某一具体尺寸在加工尺寸方向产生影响，而非对该工序中的所有加工尺寸产生影响。加工误差的案例分析在下一节的开合螺母车床夹具设计案例中作具体讲解。

2.6　车床夹具设计案例

2.6.1　开合螺母车床夹具设计案例

图 2-14 为开合螺母车削工序图。工件的燕尾面和两个 $\phi12H9(^{+0.019}_{0})$ mm 孔已经加工，两孔距离为（38±0.1）mm，T40×6-2 的梯形螺纹孔经过粗加工。本道工序为精车 T40×6-2 的梯形螺纹孔底孔、车端面及车削梯形螺纹。加工要求是：T40×6-2 孔轴线至燕尾底面 C 的距离为（45±0.05）mm，T40×6-2 孔轴线与 C 面的平行度为 0.05mm，加工孔轴线与 $\phi12^{+0.019}_{0}$ mm 孔的距离为（8±0.05）mm。

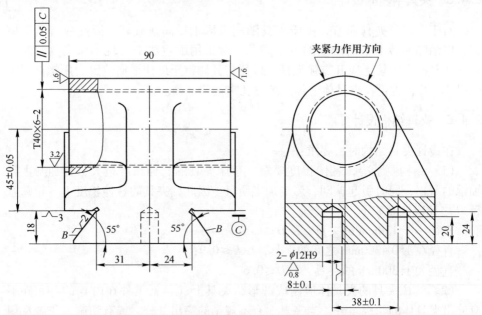

技术要求：T40×6-2 的梯形螺纹孔轴线对两 B 面的对称面的垂直度为 0.05mm

图 2-14　开合螺母车削工序图

图 2-15 所示为车削开合螺母上 T40×6-2 孔的专用夹具。为贯彻基准重合原则，工件用燕尾面 B 和 C 在固定支承板 8 及活动支承板 10 上定位（两板高度相

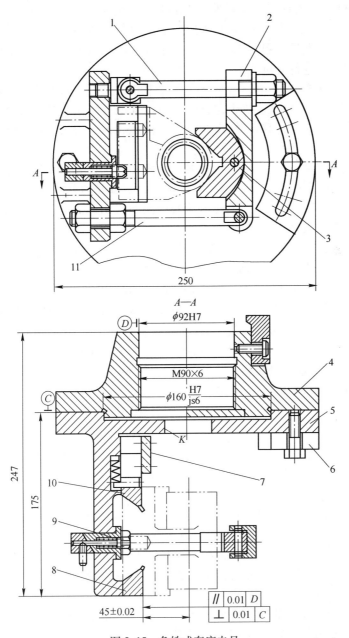

图 2-15 角铁式车床夹具

1，11—螺栓；2—压板；3—摆动 V 形块；4—过渡盘；5—夹具体；6—平衡块；

7—盖板；8—固定支承板；9—活动菱形销；10—活动支承板

等），限制五个自由度；用 $\phi 12^{+0.019}_{0}$ mm 孔与活动菱形销 9 配合，限制一个自由度；工件装卸时，可从上方推开活动支承板 10 将工件插入，靠弹簧力使工件靠紧固定支承板 8，并略推移工件使活动菱形销 9 弹入 $\phi 12^{+0.019}_{0}$ mm 定位孔内。采用带摆动 V 形块 3 的回转式螺旋压板机构夹紧。用平衡块 6 来保持夹具的平衡。

以下对开合螺母在图 2-15 所示夹具上加工时，尺寸（45±0.05）mm 的加工误差的影响因素进行分析。

（1）定位误差 Δ_D。由于 C 面既是工序基准，又是定位基准，因此基准不重合误差 Δ_B 为零。工件在夹具上定位时，定位基准与限位基准（支承板 8、10 平面）是重合的，基准位移误差 Δ_Y 也为零，因此，尺寸（45±0.05）mm 的定位误差 Δ_D 等于零。

（2）夹具误差 Δ_J。夹具误差为限位基面（支承板 8、10 的平面）与止口轴线间的距离误差，即夹具总图上尺寸（45±0.02）mm 的公差 0.04mm，以及限位基面相对安装基面 D、C 的平行度和垂直度误差 0.01mm（两者公差兼容）。

（3）夹具的安装误差 Δ_A。

$$\Delta_A = X_{1max} + X_{2max}$$

式中　　X_{1max}——过渡盘与主轴间的最大配合间隙；

　　　　X_{2max}——过渡盘与夹具体间的最大配合间隙。

设过渡盘与车床主轴的配合尺寸为 $\phi 92H7/js6$，查表得：$\phi 92H7$ 为 $\phi 92^{+0.035}_{0}$ mm，$\phi 92js6$ 为 $\phi(92\pm 0.011)$ mm，因此

$$X_{1max} = 0.035 + 0.011 = 0.046mm$$

夹具体与过渡盘止口的配合尺寸为 $\phi 160H7/js6$，查表得：$\phi 160H7$ 为 $\phi 160^{+0.040}_{0}$ mm，$\phi 60js6$ 为 $\phi 160\pm 0.0125$ mm，因此

$$X_{2max} = 0.040 + 0.0125 = 0.0525mm$$

$$\Delta_A = \sqrt{0.046^2 + 0.0525^2}\ mm$$

（4）加工方法误差 Δ_G。车床夹具的加工方法误差包括车床主轴上安装夹具基准（圆柱面轴线、圆锥面轴线或圆锥孔轴线）与主轴回转轴线间的误差、主轴的径向跳动、车床溜板进给方向与主轴轴线的平行度或垂直度等。它的大小取决于车床的制造精度、夹具的悬伸长度和离心力的大小等因素。一般取加工方法误差 Δ_G 为：

$$\Delta_G = \delta_k/3 = 0.1/3 = 0.033mm$$

式中　　δ_k——工件的制造公差，工件制造孔到定位基准的工序尺寸为（45±0.05）mm，故 $\delta_k = 0.1$mm。

图 2-15 所示夹具的总加工误差为：

$$\sum \Delta = \sqrt{\Delta_D^2 + \Delta_J^2 + \Delta_A^2 + \Delta_G^2}$$

$$= \sqrt{0 + 0.04^2 + 0.01^2 + 0.046^2 + 0.0525^2 + 0.033^2}$$

$$= 0.088mm$$

精度储备 J_c 为：

$$J_c = 0.1 - 0.088 = 0.012\text{mm}$$

故此方案可取。

2.6.2　轴承座车床夹具设计案例

如图 2-16 所示的轴承座用于安装传送辊，其上有尺寸为 55h8 的凸台。此凸台对孔 ϕ180H7 轴心线有较高对称度要求，其对称度误差的大小，直接决定装配后辊子与辊子间的平行度。孔 ϕ180H7 对基准 B 的平行度精度及尺寸（180±0.05）mm 的尺寸精度，决定了轴承座的装配位置精度。如采用普通加工方法，工件测量较困难，加工难以保证，且工件数量较大，属于中批量生产，鉴于此，需设计专用夹具来保证工件的加工质量和提高加工效率。该夹具在车床工序中使用。

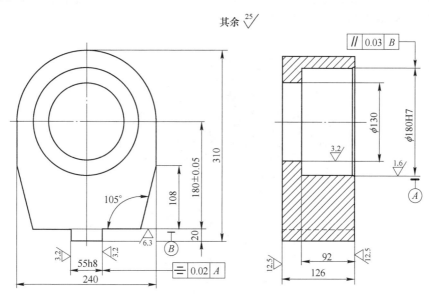

图 2-16　轴承座

2.6.2.1　夹具设计思路

由于尺寸 55h8 的两端面对孔 ϕ180H7 的轴心线有较高的对称度要求，且尺寸（180±0.05）mm 的下端面对孔 ϕ180H7 的轴心线有较高的平行度要求，尺寸（180±0.05）mm 的测量困难，加工精度难以保证，因此设计夹具的目的主要是为了保证加工工件的位置精度和尺寸精度，并且提高加工效率。为便于快速地装夹工件，将孔的加工安排在内孔加工效率很高的车床上完成。可以先加工 55h8 的凸台和尺寸（180±0.05）mm 的下端面，然后以此为车床孔加工的定位基准，设计一工件安装的基础件"基座",将工件在其上实现快速定位,从而提高加工效率和加工质量。

2.6.2.2　夹具结构特点

与铣床加工轴承座内孔相比,使用车床专用夹具在车床上加工轴承座内孔,可以大大提高加工效率,且加工的尺寸精度和表面粗糙度也易于保证。该夹具结构特点如下:

轴承座车床夹具安装立体图如图 2-17 所示。使用时,将夹具体 2 安置在车床花盘 1 上,调整夹具体与车床的相互位置,使夹具体上内孔 $\phi 200$mm(见图 2-18)与车床主轴旋转中心对齐(即找圆正),并调整定位钉 2、4、7(见图 2-18)工作面所在平面与车床主轴旋转中心线垂直(即找平正)。如图 2-18 所示,在调整好夹具体与花盘的正确位置后,通过夹具体上设置的四个 T 形螺栓 6 与花盘固连。为平衡夹具体及工件安装后的质心偏移车床主轴的旋转中心,设置有平衡重 3(见图 2-17)与花盘 1 固连。

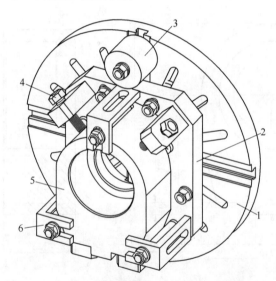

图 2-17　轴承座车床夹具安装立体图
1—花盘;2—夹具体;3—平衡重;4—夹紧螺钉;5—工件;6—压板

如图 2-18 所示,在将夹具体 3 固连在花盘上后,将工件 1 上已加工好的键 B_1 与夹具体 3 上设置的键槽 A_1 配合,并将工件 1 下底面 B_2 安置在三个定位钉 2、4、7 上,实现工件的完全定位。然后利用两个夹紧螺钉 5、三个压板 8 对工件进行夹紧。

2.6.2.3　该夹具的有益效果

该夹具可使工件定位方便快捷,节约加工辅助时间;定位准确,夹紧可靠。

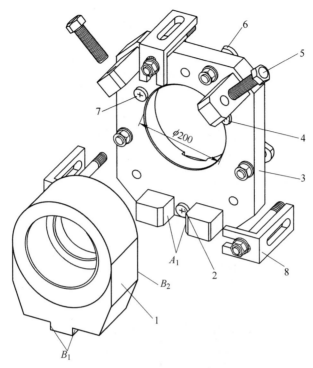

图 2-18 轴承座车床夹具立体分解图

1—工件；2，4，7—定位钉；3—夹具体；5—夹紧螺钉；6—T 形螺栓；8—压板

相较于铣床，车床数量较多，使用该夹具，车间可以投入较多的设备进行生产，生产效率高。

2.6.3 氧枪喷头车床夹具设计案例

氧枪喷头是氧气顶吹转炉炼钢法中吹氧装置的重要零件。炼钢过程中借助吹氧装置，将高压纯氧从转炉的顶部吹入炼钢转炉内，距金属液面适当高度进行吹炼，将铁水吹炼成钢。氧枪喷头位于氧枪管体下部，工作在炉内高温区域，为延长使用寿命，采用热传导性能好的紫铜制成，喷头与管体采用焊接。图 2-19 所示为 4 孔拉瓦尔型氧枪喷头，为获得稳定的超声速氧气流股，以利于金属的搅拌，氧气喷孔的孔型设计为由收缩段、喉口及扩张段组成，多个喷氧孔在空间布置上呈锥面布置，相对于轴心线成圆周均布，孔的轴心线与工件的轴心线相交。由于氧气喷孔的加工表面质量要求很高，喷孔轴心线与工件轴心线成 13°交角，因此工件的装夹困难，加工难度大。要保证孔的加工质量，采用钻削和镗削的方式均较困难，最好的方法是采用车削，通过制作车削专用夹具来实现孔的加工。

以下就该工件的车削专用工装的设计进行分析。

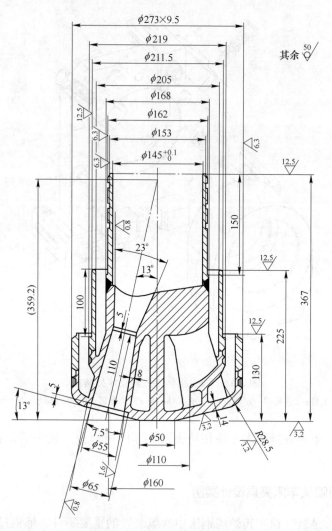

图 2-19　氧枪喷头加工详图

喷氧孔采用车削加工，需解决以下几个问题。

（1）需解决工件的准确定位问题。

（2）需解决工件的夹紧问题。

（3）在加工完一孔后，经过简单调整，应可快速实现另一孔的定位和夹紧，即需解决工件的工位调整问题。

为解决工件的准确定位，首先需使工件上待加工的喷氧孔轴心线与主轴轴心线对齐，这样才能顺利完成内孔车削加工。为此，在图 2-20 所示夹具安装图中，设计工件的安装位置时，工件中心线与基础件 1 轴心线成 13°交角，当工件安装完成后，通过自定心三爪卡盘夹持基础件 1（见图 2-21）φ310mm 外圆面，这样

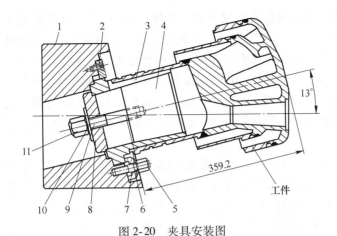

图 2-20 夹具安装图

1—基础件；2—连接键；3—开缝胀套；4—外锥体；5，11—螺母；6—螺杆；

7，8—压板；9—螺柱；10—垫圈

工件上喷氧孔轴心线便与主轴轴线平行。为保证喷氧孔轴心线与机床主轴轴心线对齐，必须使工件安装完成后，工件中心线与喷氧孔的轴心线的交点位于基础件1的轴心线上。这一装配位置关系通过图 2-21 中尺寸 $\phi310\text{mm}$ 轴心线与尺寸 $\phi160\text{H7}$ 的孔心线相交于尺寸 $(49.8\pm0.03)\text{mm}$ 的右端面斜面的位置精度、尺寸 $(49.8\pm0.03)\text{mm}$ 的尺寸精度和图 2-22 中尺寸 $(41\pm0.03)\text{mm}$ 以及工件本工序前的加工质量共同来保证。

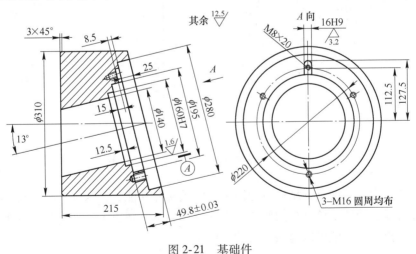

图 2-21 基础件

工件的夹紧需解决两方面问题：一是工件在夹具体上的夹紧，二是夹具体和工件的结合体在基础件上的夹紧。解决工件在夹具体上的夹紧问题时，考虑工件 $\phi153\text{mm}$ 外圆面为薄壁特征，如果直接夹持工件 $\phi153\text{mm}$ 外圆面，容易产生变形，由此考虑采用开缝胀套夹紧方式。如图 2-20 所示，开缝胀套 3 和锥体 4 配合，拧紧螺母 11，锥体 4 与胀套 3 在轴线方向产生相互位移，这必然产生斜楔机构增力效果，从而使内锥胀套在径向产生弹性变形，胀紧工件内孔。车床主轴的加工动力靠二者之间的挤压力产生的摩擦力来传递。解决夹具体和工件的结合体在基础件上的夹紧问题时，考虑工件的快速更换工位和拆卸方便，采用如图 2-20 所示的压板夹紧方式，通过压板 7、螺杆 6、螺母 5 的共同作用，将夹具体压紧在基础件上。

为保证工件在加工完一孔后，能快速地调整工位，加工下一个喷氧孔，需解决圆周方向的准确分度问题，使 4 个孔在圆周方向均布。为此，在胀套外圆上均布设置了 4 个定位槽 16H9（见图 2-22），在基础件上设计了一定位槽 16H9（见图 2-21），二者通过图 2-20 中的连接键 2 连接起来。当加工完一孔后，松开螺母 5，卸下连接键 2，夹具体连同工件一起旋转 90°，将夹具体上的键槽和基础件上的键槽对齐，再将连接键 2 装入基础件和夹具体的槽中，达到在圆周方向准确定位的要求。

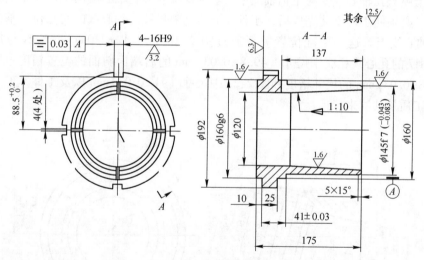

图 2-22　开口胀套

上述车床专用夹具，结构较为简单，注重实际功能，在保证夹具功能的基础上，最大程度降低了该夹具的制造成本和使用成本，解决了工件上喷氧孔的加工难题。更换基础件就可以提高夹具的利用率。

2.6.4　液压泵车床夹具设计案例

如图 2-23 所示，加工液压泵上体的三个阶梯孔，中批量生产，试设计所需的车床夹具。根据工艺规程，在加工阶梯孔之前，工件的顶面与底面、两个

ϕ8H7 孔和两个 ϕ8mm 孔均已加工好。本工序的加工要求有：三个阶梯孔的距离为（25±0.1）mm，三孔轴线与底面的垂直度、中间阶梯孔与四小孔的位置度为未注公差，加工要求较低。

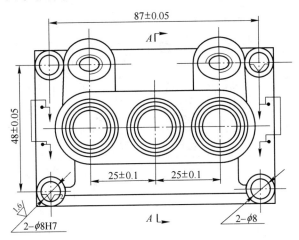

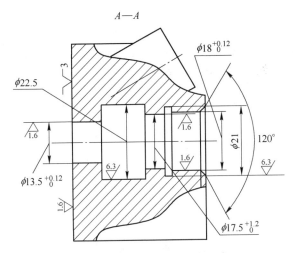

图 2-23　液压泵上体镗三孔工序

根据加工要求，可设计出如图 2-24 所示的花盘式车床夹具。这类夹具的夹具体是一个大圆盘（俗称花盘），在花盘的端面上固定有定位元件、夹紧元件及其他辅助元件，夹具的结构不对称。

2.6.4.1　定位装置

根据加工要求和基准重合原则，应以底面和两个 ϕ8H7 孔定位，定位元件采用"一面两销"。

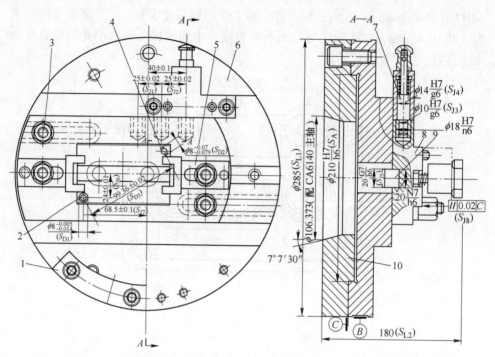

图 2-24　液压泵上体镗三孔夹具

1—平衡块；2—圆柱销；3—T 形螺钉；4—菱形销；5—螺旋压板；6—花盘；

7—对定销；8—分度滑块；9—导向键；10—过渡盘

（1）两定位孔中心距 L 及两定位销中心距 l。因为

$$L = \sqrt{87^2 + 48^2}\ \text{mm} = 99.36\text{mm}$$

$$L_{max} = \sqrt{87.05^2 + 48.05^2}\ \text{mm} = 99.43\text{mm}$$

$$L_{min} = \sqrt{86.95^2 + 47.95^2}\ \text{mm} = 99.29\text{mm}$$

所以　　　　　　　　　$L = 99.36 \pm 0.07\text{mm}$

取　　　　　　　　　$l_0 = 99.36 \pm 0.02\text{mm}$

（2）取圆柱销直径 d 为 $\phi 8\text{g}6 = \phi 8^{-0.005}_{-0.014}\text{mm}$。

（3）菱形销尺寸。由于圆柱销直径 $d > 8 \sim 20$，因此由表 2-1 可得 $b = 3\text{mm}$，$B = d - 2 = 8 - 2 = 6\text{mm}$，$b_1 = 4\text{mm}$。

2.6.4.2　夹紧装置

因为是中批生产，所以不必采用复杂的动力装置。为使夹紧可靠，采用两副移动式螺旋压板 5 夹压在工件顶面两端，如图 2-24 所示。

2.6.4.3　分度装置

液压泵上体三孔呈直线分布，要在一次装夹中加工完毕，需设计直线分度装

表 2-1 菱形销的尺寸 mm

d	>3~6	>6~8	>8~20	>20~25	>25~32	>32~40	>40~50
B	$d-0.5$	$d-1$	$d-2$	$d-3$	$d-4$	$d-5$	$d-5$
b	1	2	3	3	3	4	5
b_1	2	3	4	5	5	6	8

置。在图 2-24 里，花盘 6 为固定部分，分度滑块 8 为移动部分。分度滑块与花盘之间用导向键 9 连接，用两对 T 形螺钉 3 和螺母锁紧。由于孔距公差为 ±0.1mm，分度精度要求不高，用手拉式圆柱对定销 7 即可。为了不妨碍工人操作和观察，对定机构不宜轴向布置，而应径向安装。

2.6.4.4 夹具在车床主轴上的安装

本工序在 CA6140 车床上进行，过渡盘应以短圆锥面和端面在主轴上定位，用螺钉紧固，有关尺寸可查阅《机床夹具手册》。花盘的止口与过渡盘凸缘的配合为 H7/h6。

2.6.4.5 夹具总图上尺寸、公差和技术要求的标注

（1）最大外形轮廓尺寸 S_L 为 $\phi285$mm，长度 180mm。

（2）影响工件定位精度的尺寸和公差 S_D。两定位销孔的中心距为（99.36±0.02）mm，圆柱销与工件孔的配合尺寸为 $\phi8^{-0.005}_{-0.014}$mm，菱形销的直径为 $\phi8^{-0.07}_{-0.079}$mm。

（3）影响夹具精度的尺寸和公差 S_J。相邻两对定套的距离为（25±0.02）mm，对定销与对定套的配合尺寸为 $\phi10\dfrac{H7}{g6}$，对定销与导向孔的配合尺寸为 $\phi14\dfrac{H7}{g6}$，导向键与夹具的配合尺寸为 $20\dfrac{G7}{h6}$，圆柱销 2 到加工孔轴线的尺寸为（24±0.1）mm 和（68.5±0.1）mm，定位平面相对基准 C 的平行度为 0.02mm。

（4）影响夹具在机床上安装精度的尺寸和公差 S_A。夹具体与过渡盘的配合尺寸为 $\phi210\dfrac{H7}{h6}$。

（5）其他重要配合尺寸。对定套与分度滑块的配合尺寸为 $\phi18\dfrac{H7}{r6}$，导向键与分度滑块的配合尺寸为 $20\dfrac{N7}{h6}$。

2.6.4.6 加工精度分析

本工序的主要加工要求是三孔的孔距尺寸（25±0.1）mm。此尺寸主要受分度误差和加工方法误差影响，故只要计算这两部分的误差即可。

（1）直线分度的分度误差 Δ_F。

$$\Delta_F = \sqrt{\delta^2 + X_1^2 + X_2^2 + e^2}$$

式中　　δ——两相邻对定套的对称极限偏差；因为两对定套的距离为（25±0.02）mm，所以 $\delta = 0.02$mm；

　　　　X_1——对定销与对定套的最大配合间隙；因为两者的配合尺寸是 $\phi 10\dfrac{H7}{g6}$，$\phi 10H7$ 为 $\phi 10^{+0.015}_{0}$mm，$\phi 10g6$ 为 $\phi 10^{-0.005}_{-0.014}$mm，所以 $X_1 =$（0.015+0.014）mm = 0.029mm；

　　　　X_2——对定销与导向孔的最大配合间隙；因为这两者的配合尺寸是 $\phi 14\dfrac{H7}{g6}$，$\phi 14H7$ 为 $\phi 14^{+0.018}_{0}$mm，$\phi 14g6$ 为 $\phi 14^{-0.006}_{-0.017}$，所以 $X_2 =$（0.018+0.017）mm = 0.035mm；

　　　　e——对定销的对定部分与导向部分的同轴度，设 $e = 0.01$mm。

因此

$$\Delta_F = \sqrt{0.02^2 + 0.029^2 + 0.035^2 + 0.01^2}\ \text{mm} = 0.051\text{mm}$$

（2）加工方法误差 Δ_G。加工方法误差 Δ_G 取加工尺寸公差 δ_k 的 1/3，加工尺寸公差 $\delta_k = 0.2$mm，所以 $\Delta_G = 0.2/3$mm = 0.067mm。总加工误差 $\sum\Delta$ 和精度储备 J_C 的计算见表 2-2。

由以上计算结果可知，该夹具能保证加工精度，并有一定的精度储备。

表 2-2　液压泵上体镗三孔夹具的加工误差　　　　　　　　　mm

加　工　要　求	25±0.1
Δ_D	0
Δ_A	0
Δ_F	$\Delta_F = 0.051$
Δ_G	0.2/3 = 0.067
$\sum\Delta$	$\sqrt{0.051^2 + 0.067^2} = 0.084$
J_C	0.2 - 0.084 = 0.116

2.6.5　U 形管螺纹车削夹具设计案例

如图 2-25 所示，U 形管上设置有两个 G3" 的管螺纹需加工。管螺纹尺寸较大，不能采用板牙攻丝的方法加工，在车床上加工效率较高，但由于工件形状不规则，工件的装夹难以通过通用夹具完成，因此需设计专用夹具。

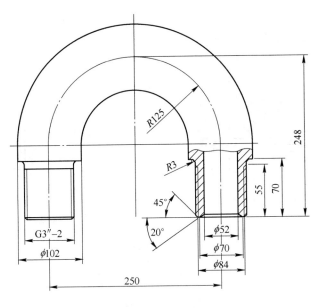

图 2-25　U 形管

为完成该工件的加工，需解决以下三个技术问题：

（1）工件的定位问题，即如何使工件的管螺纹中心线与车床主轴旋转中心对齐，从而使切削加工成为可能。

（2）工件的夹紧问题，即要使工件的夹紧牢固可靠。

（3）工件的多工位问题。

为此设计了如图 2-26 所示的车床夹具。夹具体 1 设置在花盘 10 上，通过三个 T 形螺栓 2 与花盘固连。花盘 10 通过后端设置的螺纹固连在 C630 型机床主轴上。工件装夹在拖板 5 的定位凹槽 A 内，并由压板 3 和螺栓 11 将其压紧。挡块 8 安置在花盘 10 上设置的矩形导轨 B 内，并用 T 形螺栓 9 将其与花盘固连。夹具体 1 的直边靠在挡块 8 上。平衡重 7 设置在花盘 10 上并与其固连。

加工时调整工件待加工管螺纹轴心与花盘 10 回转中心重合，将挡块 8 推至紧靠夹具体直边，拧紧 T 形螺栓 4，将转轴 6 与夹具体固连。

当一端切削完毕后，即可松开 T 形螺栓 2 和 9 并退出，将挡块 8 后退，夹具体 1 便能绕转轴 6 旋转。当夹具体 1 绕转轴 6 旋转 180°后，由于转轴 6 与拖板 5 上设置的两凹槽等距，如工件毛坯误差不大，即可直接车削另一端螺纹。否则，需松开 T 形螺栓 4，精确调整待加工的管螺纹位置，使其轴心线与机床主轴旋转中心对齐，夹紧后方可进行加工。

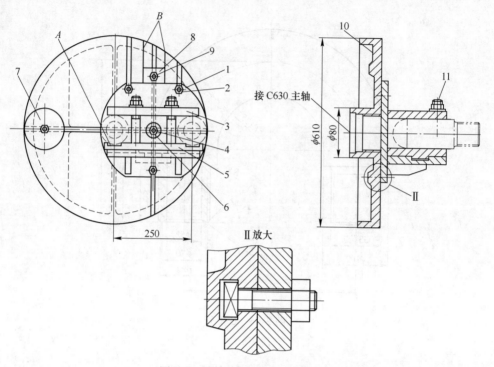

图 2-26　U 形管车床夹具的结构
1—夹具体；2，4，9—T 形螺栓；3—压板；5—拖板；6—转轴；7—平衡重；
8—挡块；10—花盘；11—夹紧螺栓

3　钻床专用夹具设计

3.1　钻床夹具的典型结构

钻床上进行孔加工时所用的夹具称为钻床夹具，也称钻模。钻模的类型很多，有固定式、回转式、移动式、翻转式、盖板式和滑柱式等。

3.1.1　固定式钻模

在使用的过程中，固定式钻模在机床上的位置是固定不动的。这类钻模加工精度较高，主要用在立式钻床上加工直径较大的单孔，或在摇臂钻床上加工平行孔系。

图 3-1 所示为一圆环，需在外圆柱面沿径向钻一 ϕ12H7 的小孔，要求该孔距端面 N 的尺寸为（15±0.1）mm，其孔心线相对于 ϕ68H7 孔心线的垂直度和对称度要求分别为 0.05mm 和 0.1mm。由于该孔的形位精度要求较高，采用常规加工方法难以保证，因此需设计一专用夹具来保证加工精度，同时减少加工辅助时间，提高加工效率。已知在钻孔工序前，ϕ68H7 孔与两端面已经加工完。

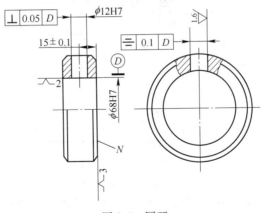

图 3-1　圆环

据此，设计如图 3-2 所示的固定式钻模来完成钻孔工序。加工时选定工件以端面 N 和 ϕ68H7 内圆表面为定位基面，分别在定位法兰 4 的 ϕ68h6 短外圆柱面和端面 N′ 上定位，限制工件 5 个自由度。工件安装后扳动手柄 8，借助圆偏心凸轮 9 的作用，通过拉杆 3 与转动开口垫圈 2 夹紧工件。反方向扳动手柄 8，拉杆 3 在弹簧 10 的作用下松开工件。为保证零件本工序的加工要求，在制订零件加工工艺规程和设计夹具时，采取以下措施：

（1）孔 $\phi 12 H8({}^{+0.046}_{0})$ 的尺寸精度与表面粗糙度由钻、扩、铰工艺方法和一定精度等级的铰刀保证。

（2）孔的位置尺寸 15mm±0.1mm 由夹具上定位法兰 4 的限位端面 N′ 至快换钻套 5 的中心线之间距离尺寸 15mm±0.025mm 保证。

（3）对称度公差 0.1mm 和垂直度公差 0.05mm 由夹具的相应制造精度保证（见夹具图上相应的技术要求）。

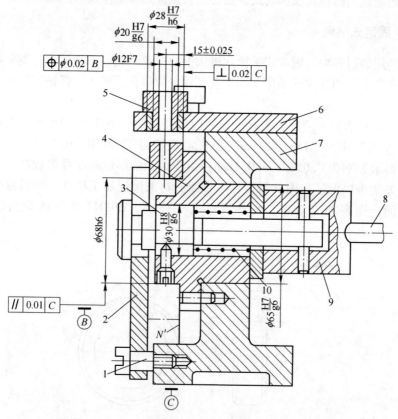

图 3-2　固定式钻模

1—螺钉；2—转动开口垫圈；3—拉杆；4—定位法兰；5—快换钻套；
6—钻模板；7—夹具体；8—手柄；9—偏心凸轮；10—弹簧

3.1.2　回转式钻模

加工同一圆周上的平行孔系、同一截面内径向孔系或同一直线上的等距孔系时，钻模上应设置分度装置。带有回转式分度装置的钻模称为回转式钻模。

图 3-3 所示为一卧轴回转式钻模的结构，该钻模用来加工工件上三个径向均布孔。在转盘 6 的圆周上有三个径向均布的钻套孔，其端面上有三个对应的分度锥孔。钻孔前，对定销 2 在弹簧力的作用下插入分度锥孔中，反转手柄 5，螺套 4 通过锁紧螺母使转盘 6 锁紧在夹具体上。钻孔后，正转手柄 5 将转盘松开，同时螺套 4 上的端面凸轮将对定销拔出，进行分度，直至对定销重新插入第二个锥孔，然后锁紧进行第二个孔的加工。

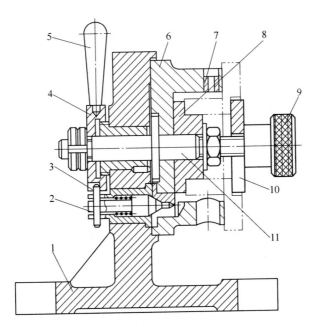

图 3-3 回转式钻模

1—夹具体；2—对定销；3—横销；4—螺套；5—手柄；6—转盘；
7—钻套；8—定位件；9—滚花螺母；10—开口垫圈；11—转轴

3.1.3 翻转式钻模

图 3-4 所示为一钢套，其上设置有 12 个螺纹孔。这 12 个螺纹孔分成两组圆周均布在工件上，两组螺纹孔孔心线分别平行和垂直于工件中心线。由于这两组孔为圆周均布，为提高加工效率，减少加工辅助时间，可以设计一翻转式钻模来实现加工要求。翻转式钻模主要用于加工小型工件不同表面上的孔。利用夹具的翻转功能可以实现加工工位的快速调整。

加工钢套上 12 个螺纹底孔所用的翻转式钻模如图 3-5 所示。工件以端面 M

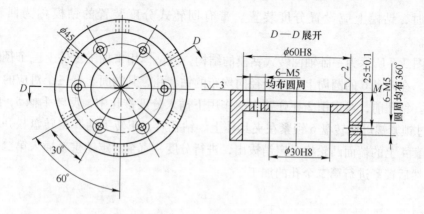

图 3-4　钢套

和内孔 ϕ30H8 分别在夹具定位件 2 上的限位面 M' 和 ϕ30g6 圆柱销上定位，限制工件 5 个自由度，用削扁开口垫圈 3、螺杆 4 和手轮 5 对工件压紧，翻转六次加工圆周上的 6 个径向孔，然后将钻模翻转为轴线竖直向上，即可加工端面上的 6 个孔。

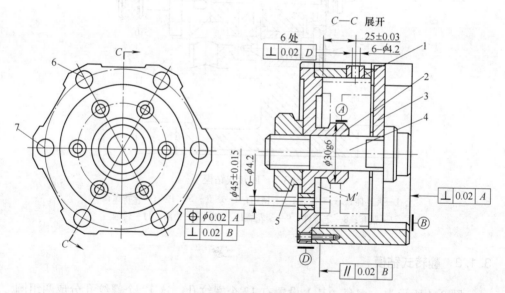

图 3-5　翻转式钻模

1—夹具体；2—定位件；3—削扁开口垫圈；

4—螺杆；5—手轮；6—销；7—沉头螺钉

翻转式钻模适用于夹具与工件总质量不大于 10kg、工件上钻制的孔径小于 8~10mm、加工精度要求不高的场合。

3.1.4 盖板式钻模

一些大、中型的工件在加工孔时，常用盖板式钻模。图3-6所示是为加工车床溜板箱上孔系而设计的盖板式钻模。工件在圆柱销2、削边销3和三个支承钉4上定位。这类钻模可将钻套和定位元件直接装在钻模板上，无需夹具体，有时也无需夹紧装置，所以结构简单。但由于必须经常搬动，故需要设置手把或吊耳，并尽可能减轻自重。如图3-6中所示，可以在不重要处挖出三个大圆孔以减小质量。

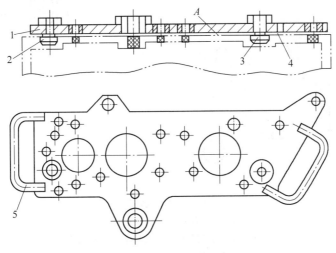

图 3-6 盖板式钻模

1—盖板；2—圆柱销；3—削边销；4—支承钉；5—手把

3.1.5 滑柱式钻模

滑柱式钻模是带有升降钻模板的通用可调夹具，如图3-7所示。钻模板4上除可安装钻套外，还装有可以在夹具体3的孔内上下移动的滑柱1及齿条滑柱2。借助于齿条的上下移动，钻模板可对安装在底座平台上的工件进行夹紧或松开。钻模板上下移动的动力有手动和气动两种。

为保证工件的加工与装卸，当钻模板夹紧工件或升至一定高度后应能自锁。圆锥锁紧机构的工作原理如图3-7（b）所示。齿轮轴5的左端制成螺旋齿，与滑柱上的螺旋齿条相啮合，螺旋角为45°。轴的右端制成双向锥体，锥度为1:5，与夹具体3及套环7上的锥孔相配合。当钻模板下降夹紧工件时，在齿轮轴上产生轴向分力使锥体楔紧在夹具体的锥孔中实现自锁。当加工完毕，钻模板上升到一定高度，轴向分力使另一段锥体楔紧在套环7的锥孔中，将钻模板锁紧，以免钻模板因自重而下降。

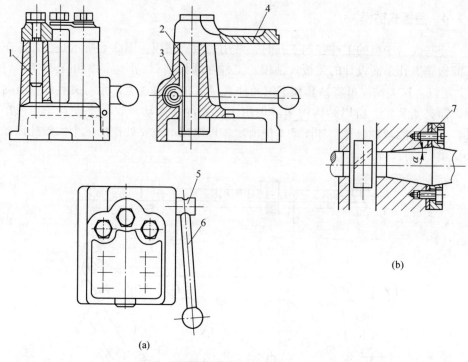

图 3-7　滑柱式钻模

（a）通用结构；（b）锁紧原理

1—滑柱；2—齿条滑柱；3—夹具体；4—钻模板；

5—齿轮轴；6—手柄；7—套环

3.2　钻床夹具主要零部件

3.2.1　钻套

钻套是钻模上特有的元件，用来引导刀具以保证被加工孔的位置精度和提高工艺系统的刚度。

3.2.1.1　钻套类型

钻套主要有固定钻套、可换钻套、快换钻套和特殊钻套四种。

（1）固定钻套。固定钻套是指钻套与夹具体采用过盈配合，二者一旦装配完成便难以拆卸。固定钻套有 A 型和 B 型两种结构，如图 3-8（a）、（b）所示，钻套直接压入钻模板或夹具体中，二者配合为 $\dfrac{H7}{n6}$ 或 $\dfrac{H7}{r6}$。固定钻套结构简单，钻孔精度高，适用于单一钻孔工序和小批量生产。

（2）可换钻套。当工件为单一钻孔工步、大批量生产时，为便于更换磨损

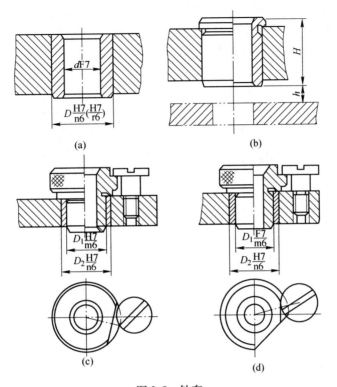

图 3-8 钻套

（a）A 型固定钻套；（b）B 型固定钻套；（c）可换钻套；（d）快换钻套

的钻套，应选用可换钻套（见图 3-8c）。钻套与衬套之间采用 $\frac{F7}{m6}$ 或 $\frac{F7}{k6}$ 配合，衬套与钻模板之间采用 $\frac{H7}{n6}$ 配合。当钻套磨损后，可卸下螺钉，更换新的钻套。螺钉能防止钻套加工时转动及退刀时脱出。衬套结构尺寸可参看《机床夹具手册》。

（3）快换钻套。当工件需钻、扩、铰多工步加工时，为能快速更换不同孔径的钻套，应选用快换钻套。更换钻套时，将钻套缺口转至螺钉处，即可取出钻套。削边的方向应考虑刀具的旋向，以免钻套自动脱出。快换钻套的结构尺寸参看《机床夹具手册》。

（4）特殊钻套。因工件的形状或被加工孔的位置需要而不能使用标准钻套时，需自行设计钻套，此类称为特殊钻套。常见的特殊钻套如图 3-9 所示。图 3-9（a）为加长钻套，在加工凹面上的孔时使用。为减少刀具与钻套的摩擦，可将钻套引导高度 H 以上的孔径放大。图 3-9（b）为斜面钻套，用于在斜面或圆弧面上钻孔，排屑空间的高度 $h<0.5$mm，可增加钻头刚度，避免钻头引偏或折

断。图 3-9（c）为小孔距钻套，用定位销确定钻套方向。图 3-9（d）为兼有定位与夹紧功能的钻套。钻套与衬套之间一段为圆柱间隙配合，一段为螺纹连接。钻套下端为内锥面，具有对工件定位、夹紧和引导刀具三种功能。

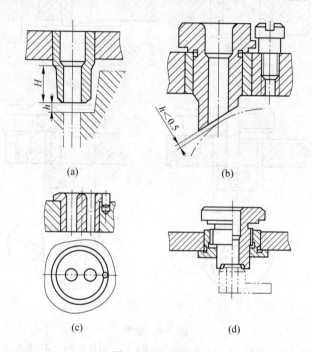

图 3-9　特殊钻套

（a）加长钻套；（b）斜面钻套；（c）小孔距钻套；（d）可定位夹紧钻套

3.2.1.2　钻套的尺寸、公差及材料

一般钻套导向孔的基本尺寸取刀具的最大极限尺寸，其公差在钻孔时取 F7 或 F8，粗铰孔时取 G7，精铰孔时取 G6。若被加工孔为基准孔（如 H7、H9），钻套导向孔的基本尺寸可取被加工孔的基本尺寸，其公差在钻孔时取 F7 或 F8 时，铰 H7 孔时取 F7，铰 H9 孔时取 E7。若刀具用圆柱部分导向（如接长扩孔钻、铰刀等），可采用 $\dfrac{H7}{f7(g6)}$ 配合。

钻套的高度 H 增大，则导向性能好，刀具刚度提高，加工精度高，但钻套与刀具的磨损加剧。一般取 $H = 1 \sim 2.5d$。

排屑空间 h 指钻套底部与工件表面之间的空间。增大 h 值，排屑方便，但刀具的刚度和孔的加工精度都会降低。钻削易排屑的铸铁时，常取 $h = (0.3 \sim 0.7)d$；钻削较难排屑的钢件时，常取 $h = (0.7 \sim 1.5)d$。工件精度要求高时，可取 $h = 0$，使切屑全部从钻套中排出。钻套的材料参看《机床夹具手册》。

3.2.2 钻模板

钻模板用于安装钻套，确保钻套在钻模上的正确位置。常见的钻模板有固定式、铰链式、分离式和悬挂式。

（1）固定式钻模板。固定在夹具体上的钻模板称为固定式钻模板。图 3-10（a）所示为钻模板与夹具体铸成一体；图 3-10（b）所示为钻模板和夹具体焊接成一体；图 3-10（c）所示为钻模板和夹具体用螺钉和销钉连接，这种钻模板可在装配时调整位置，因而使用较广泛。固定式钻模板结构简单、钻孔精度高。

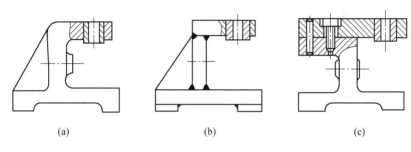

(a)　　　　　　　　　(b)　　　　　　　　　(c)

图 3-10　固定式钻模板

（2）铰链式钻模板。当钻模板妨碍工件装卸或钻孔后需攻螺纹时，可采用如图 3-11 所示的铰链式钻模板。

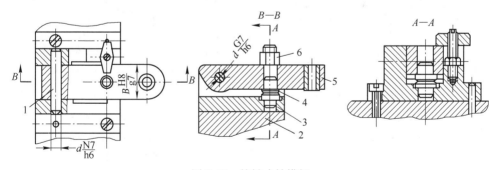

图 3-11　铰链式钻模板

1—铰链销；2—夹具体；3—铰链座；4—支承钉；5—钻模板；6—菱形螺母

铰链销 1 与钻模板 5 的销孔采用 $\dfrac{G7}{h6}$ 配合，与铰链座 3 的销孔采用 $\dfrac{N7}{h6}$ 配合。钻模板 5 与铰链座 3 之间采用 $\dfrac{H7}{g8}$ 配合。钻套导向孔与夹具安装面的垂直度可通过调整两个支承钉 4 的高度加以保证。加工时，钻模板 5 由菱形螺母 6 锁紧。由于铰链销孔之间存在配合间隙，因此用此类钻模板加工的工件精度比固定式钻模板低。

（3）分离式钻模板。钻模板与夹具体分离，钻模板在工件上定位，并与工件一起装卸，这种结构称为分离式钻模板，如图 3-12 所示。这类结构加工的工件精度高，但工效低，费时费力。

（4）悬挂式钻模板。在立式钻床或组合机床上用多轴传动头加工平行孔系时，钻模板连接在机床主轴的传动箱上，随机床主轴上下移动靠近或离开工件，这种结构称为悬挂式钻模板。如图 3-13 所示，钻模板 2 悬挂在导向滑柱 4 上，其位置由导向滑柱 4 来确定。钻模板通过弹簧 3 和横梁 5 与机床主轴箱连接。当主轴下移时，钻模板沿着导向滑柱 4 一起下移，刀具顺着导向套加工。加工完毕后，主轴上移，钻模板随之一起上移。导向滑柱 4 上的弹簧 3 的主要作用是通过钻模板压紧工件。

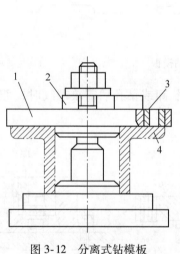

图 3-12　分离式钻模板

1—钻模板；2—压板；
3—钻套；4—工件

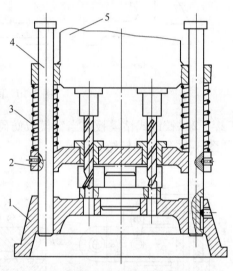

图 3-13　悬挂式钻模板

1—底座；2—钻模板；3—弹簧；
4—导向滑柱；5—横梁

3.3　钻模对刀误差 Δ_T 的计算

如图 3-14 所示，刀具与钻套的最大配合间隙 X_{max} 的存在会引起刀具的偏斜，使加工孔产生偏移。

$$X_2 = \frac{B + h + H/2}{H} X_{max}$$

式中 X_2——加工孔的偏移量；

  B——工件厚度；

  H——钻套高度；

  h——排屑空间的高度。

工件厚度大时，按 X_2 计算对刀误差，即 $\Delta_T = X_2$；工件薄时，按 X_{max} 计算对刀误差，即 $\Delta_T = X_{max}$。

实践证明，用钻模钻孔时加工孔的偏移量远小于上述理论值。因为加工孔的孔径 D' 大于钻头直径 d，由于钻套孔径 D 的约束，一般情况下 $D' = D$，即加工孔中心实际上与钻套中心重合，所以 Δ_T 趋近于零。

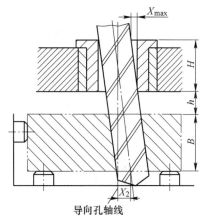

图 3-14 钻模对刀误差

3.4 钻床夹具设计案例

3.4.1 钢套钻床夹具设计案例

如图 3-15 所示，在钢套上钻 $\phi5mm$ 孔，应满足如下要求：$\phi5mm$ 孔轴线到端面 B 的距离为 $(20 \pm 0.1)mm$，对 $\phi27H7$ 孔的对称度为 $0.1mm$。工件的材料为 Q235A，批量 $N = 500$ 件。需设计钻 $\phi5mm$ 孔的钻床夹具。

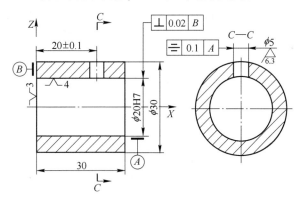

图 3-15 钢套钻孔工序图

3.4.1.1 定位方案

按基准重合原则，选 B 面及 $\phi27H7$ 孔为定位基准。定位方案如图 3-16（a）所示，心轴限制四个自由度 $\vec{X}$、$\vec{Y}$、$\widehat{Y}$、$\widehat{Z}$，台阶面限制三个自由度 $\vec{X}$、$\widehat{Y}$、$\widehat{Z}$，可见重复限制了 $\widehat{Y}$、$\widehat{Z}$ 两个自由度。但由于 $\phi27H7$ 孔的轴线与 B 面垂直度公差 $\delta_\perp = 0.02mm$，如取定位心轴尺寸为 $\phi20f6$（$\phi20^{-0.020}_{-0.033}mm$），则孔尺寸

$\phi 20H7$（$\phi 20^{+0.021}_{0}$ mm）与心轴尺寸 $\phi 20f6$（$\phi 20^{-0.020}_{-0.033}$ mm）的最小配合间隙 X_{min} = 0.02mm，可见 $\delta_{\perp} = X_{min}$，而工件外圆尺寸与孔长相等，易于得出：当心轴定位端面与孔处于极端配合情况，心轴外圆柱面与孔不会产生干涉。这种定位属可用重复定位。定位心轴的右上部铣平，用来让刀和避免钻孔后的毛刺妨碍工件装卸。

3.4.1.2　导向方案

为能迅速、准确地确定刀具与夹具的相对位置，钻夹具上都应设置引导刀具的元件——钻套。钻套一般安装在钻模板上，钻模板与夹具体连接，钻套与工件之间留有排屑空间，如图 3-16（b）所示。因工件批量小且又是单一钻孔工序，所以此处选用固定式钻套。

3.4.1.3　夹紧方案

由于工件批量小，因此宜用简单的手动夹紧装置。钢套的轴向刚度比径向刚度好，因此夹紧力应指向限位台阶面。如图 3-16（c）所示，采用带开口垫圈的螺旋夹紧机构，工件装卸迅速、方便。

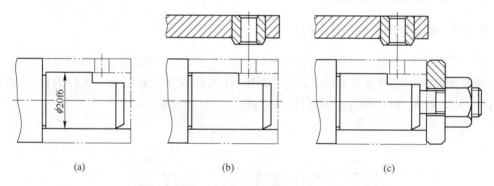

图 3-16　钢套的定位、导向、夹紧方案

（a）定位方案；（b）导向方案；（c）夹紧方案

3.4.1.4　夹具体的设计

图 3-17 所示为采用铸造夹具体的钢套钻孔钻模。定位心轴 2 及钻模板 3 均安装在夹具体 1 上，夹具体 1 上的 B 面作为安装基面。此方案结构紧凑、安装稳定、刚性好，但制造周期较长，成本略高。

图 3-18 所示为采用型材夹具体的钻模。夹具体由盘 1 和套 2 组成，定位心轴 3 安装在盘 1 上，套 2 下部为安装基面 B，上部兼作钻模板。此方案的夹具体为框架式结构。此方案的钻模刚度好、重量轻、取材容易、制造方便、制造周期短、成本较低。

3.4.1.5　绘制夹具装配总图

钻模的装配总图上应表达清楚定位心轴、钻模板与夹具体的连接结构。

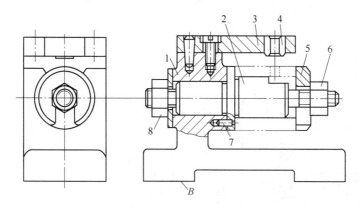

图 3-17　铸造夹具体钻模

1—铸造夹具体；2—定位心轴；3—钻模板；4—固定钻套；
5—开口垫圈；6—夹紧螺母；7—防转销钉；8—锁紧螺母

图 3-17 中的定位心轴 2 与铸造夹具体 1 采用过渡配合，用锁紧螺母 8 固定，用防转销钉 7 保证定位心轴的缺口朝上，并起防转作用。钻模板 3 与夹具体用两个螺钉、两个销钉连接。夹具装配时，待钻模板的位置调整准确后再拧紧螺钉，然后配钻、铰销钉孔，打入销钉定位。

图 3-18 中的定位心轴 3 与盘 1 的连接与图 3-17 同。套 2 与盘 1 采用过渡配合，并用三个螺钉 7 紧固。用修磨调整垫圈 11 的方法，保证钻套的正确位置。

3.4.1.6　夹具总图上尺寸、公差和技术要求的标注

A　夹具总图上应标注的尺寸和公差

（1）最大轮廓尺寸（S_L）。若夹具上有活动部分，则应用双点划线画出最大活动范围，或标出活动部分的尺寸范围。如图 3-18 中最大轮廓尺寸（S_L）为 84mm、$\phi70$mm 和 60mm。在图 3-19 的车床夹具中，S_L 标注为 D 及 H。

（2）影响定位精度的尺寸和公差（S_D）。这主要指工件与定位元件及定位元件之间的尺寸、公差，如图 3-18 中标注的定位基面与限位基面的配合尺寸 $\phi20\dfrac{H7}{f6}$；图 3-19 中标注的圆柱销和菱形销的尺寸 d_1、d_2 及销间距 $L\pm\delta_L$。

（3）影响对刀精度的尺寸和公差（S_T）。这主要指刀具与对刀或导向元件之间的尺寸、公差，如图 3-18 中标注的钻套导向孔的尺寸 $\phi5F7$。

（4）影响夹具在机床上安装精度的尺寸和公差（S_A）。这主要指夹具安装基面与机床相应配合表面之间的尺寸、公差，如图 3-19 中标注的安装基面 A 与车床主轴的配合尺寸 D_1H7 及找正孔 K 相对车床主轴的同轴度 $\phi\delta_{t2}$。在图 3-18 中，钻模的安装基面是平面，可不必标注。

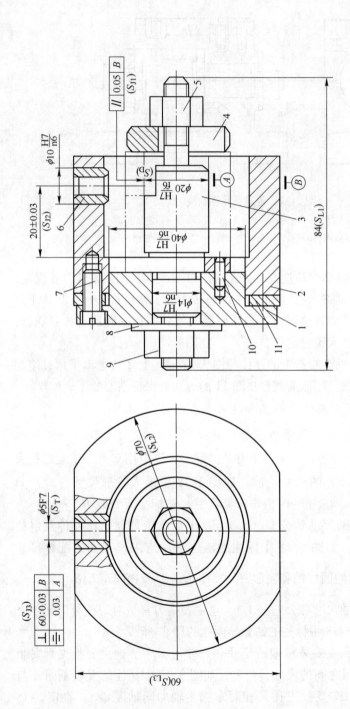

技术要求

装配时修磨调整垫圈11，
保证尺寸(20±0.03)mm。

图 3-18　型材夹具体钻模

1—盘；2—套；3—定位心轴；4—开口垫圈；5—夹紧螺母；6—固定钻套；
7—螺钉；8—垫圈；9—锁紧螺母；10—防转销；11—调整垫圈

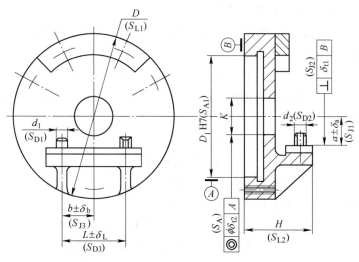

图 3-19 车床夹具尺寸标注示意

（5）影响夹具精度的尺寸和公差（S_J）。这主要指定位元件、对刀或导向元件、分度装置及安装基面相互之间的尺寸公差和位置公差，如图 3-18 中标注的钻套轴线与限位基面间的尺寸（20±0.03）mm、钻套轴线相对于定位心轴的对称度 0.03mm、钻套轴线相对于安装基面 B 的垂直度 60：0.03、定位心轴相对于安装基面 B 的平行度 0.05mm；又如图 3-19 中标注的限位平面到安装基准的距离 $a±\delta_a$、限位平面相对安装基面 B 的垂直度 δ_{t1}。

（6）其他重要尺寸和公差。这是指一般机械设计中应标注的尺寸、公差，如图 3-18 中标注的配合尺寸 $\phi 14\dfrac{H7}{n6}$、$\phi 40\dfrac{H7}{n6}$ 和 $\phi 10\dfrac{H7}{n6}$。

B　夹具总图上应标注的技术要求

夹具总图上无法用符号标注而又必须说明的问题，可作为技术要求用文字写在总图上。这主要包括：

（1）夹具的装配、调整方法。例如，几个支承钉应装配后修磨达到等高；装配时调整某元件或临床修磨某元件的定位表面等，以保证夹具精度。

（2）某些零件的重要表面应一起加工，如一起镗孔、一起磨削等。

（3）工艺孔的设置和检测。

（4）夹具使用时的操作顺序。

（5）夹具表面的装饰要求等。

如图 3-18 中的技术要求为：装配时修磨调整垫圈 11，保证尺寸（20±0.03）mm。

C　夹具总图上公差值的确定

夹具总图上标注公差值的原则是：在满足工件加工要求的前提下，尽量降低夹具的制造精度。

（1）直接影响工件加工精度的夹具公差 δ_J。夹具总图上标注的第二～五类尺寸的尺寸公差和位置公差均直接影响工件的加工精度。取夹具总图上的尺寸公差或位置公差为：

$$\delta_J = (1/5 \sim 1/2)\delta_k$$

式中　δ_k——与 δ_J 相应的工件尺寸公差或位置公差。

当工件批量大、加工精度低时，δ_J 取小值，因为这样不仅可以延长夹具的使用寿命，而且还不增加夹具制造难度；反之取大值。

如图 3-18 中的尺寸公差、位置公差均取相应工件公差的 1/3 左右。

对于直接影响工件加工精度的配合尺寸，在确定了配合性质后，应尽量选用优先配合，如图 3-18 中的 $\phi20\dfrac{H7}{f6}$。

工件的加工尺寸未注公差时，工件公差 δ_k 视为 IT12～IT14，夹具上相应的尺寸公差按 IT9～IT11 标注。工件上的位置要求未注公差时，工件位置公差 δ_k 视为 9～11 级，夹具上相应的位置公差按 7～9 级标注。工件上加工角度未注公差时，工件公差 δ_k 视为 $\pm10' \sim \pm30'$，夹具上相应的角度公差标为 $\pm3' \sim \pm10'$（相应边长为 10～400mm，边长短时取大值）。

（2）夹具上其他重要尺寸的公差与配合。这类尺寸的公差与配合的标注对工件的加工精度有间接影响。在确定配合性质时，应考虑减小其影响，其公差等级可参照《机床夹具手册》或《机械设计手册》标注。图 3-18 中的 $\phi40\dfrac{H7}{n6}$、$\phi14\dfrac{H7}{n6}$、$\phi10\dfrac{H7}{n6}$ 即为这类尺寸。

3.4.1.7　工件在夹具上加工的精度分析

A　影响加工精度的因素

用夹具装夹工件进行机械加工时，其工艺系统中影响工件加工精度的因素很多。与夹具有关的因素如图 3-20 所示，有定位误差 Δ_D、对刀误差 Δ_T、夹具在机床上的安装误差 Δ_A 和夹具误差 Δ_J。在机械加工工艺系统中，影响加工精度的其他因素综合称为加工方法误差 Δ_G。上述各项误差均导致刀具相对工件的位置不精确，从而形成总的加工误差 $\sum\Delta$。

下面以钢套钻 $\phi5$mm 孔的钻模为例计算各项误差。

（1）定位误差 Δ_D。如图 3-15 所示，加工尺寸（20 ± 0.1）mm 的定位误差为 0。对称度 0.1mm 的定位误差为工件定位孔与定位心轴配合的最大间隙。工件定

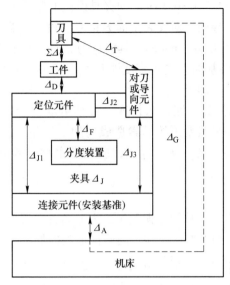

图 3-20 工件在夹具上加工时影响加工精度的主要因素

位孔的尺寸为 $\phi20H7$ （ $\phi20_0^{+0.021}$ ），定位心轴的尺寸为 $\phi20f6$ （ $\phi20_{-0.033}^{-0.020}$ mm）。因此

$$\Delta_D = X_{max} = (0.021 + 0.033)\text{mm} = 0.054\text{mm}$$

（2）对刀误差 Δ_T。因刀具相对于对刀或导向元件的位置不精确而造成的加工误差，称为对刀误差。加工时钻头与钻套间的间隙，会引起钻头的位移或倾斜，造成加工误差。由于钢套壁厚较薄，因此只计算钻头位移引起的误差。钻套导向孔尺寸为 $\phi5F7$（ $\phi5_{+0.010}^{+0.022}$ mm），钻头尺寸为 $\phi5h9$（ $\phi5_{-0.03}^{0}$ mm）。工件上的加工尺寸（20±0.1）mm 及对称度 0.1mm 的对刀误差均为钻头与导向孔的最大间隙

$$\Delta_T = X_{max} = (0.022 + 0.03)\text{mm} = 0.052\text{mm}$$

（3）夹具的安装误差 Δ_A。因夹具在机床上的安装不精确而造成的加工误差，称为夹具的安装误差。

图 3-18 中夹具的安装基面为平面，因而没有安装误差。

图 3-19 中车床夹具的安装基面 D_1H7 与车床过渡盘配合的最大间隙为安装误差 Δ_A ，或者把找正孔相对车床主轴的同轴度 δ_{t2} 作为安装误差。

（4）夹具误差 Δ_J。因夹具上定位元件、对刀或导向元件、分度装置及安装基准之间的位置不精确而造成的加工误差，称为夹具误差。如图 3-19 所示，夹具误差 Δ_J 主要包含定位元件相对于安装基准的尺寸或位置误差 Δ_{J1} 、定位元件相对于对刀或导向元件（包含导向元件之间）的尺寸或位置误差 Δ_{J2} 、导向元件相对于安装基准的尺寸或位置误差 Δ_{J3}。若有分度装置，夹具误差还包括分度误差 Δ_F 。

影响图 3-15 中尺寸 (20±0.1)mm 的夹具误差的定位面到导向孔轴线的尺寸公差为 $\Delta_{J2} = 0.06$mm，导向孔对安装基面 B 的垂直度误差为 $\Delta_{J3} = 0.03$mm。

影响图 3-15 中对称度 0.1mm 的夹具误差为导向孔对主位心轴的对称度 $\Delta_{J2} = 0.03$mm（导向孔对安装基面 B 的垂直度误差 $\Delta_{J3} = 0.03$mm 与 Δ_{J2} 在公差上兼容，只需计算其中较大的一项即可）。

(5) 加工方法误差 Δ_G。因机床精度、刀具精度、刀具与机床的位置精度、工艺系统的受力变形和受热变形等因素造成的加工误差，统称为加工方法误差。因该项误差影响因素多，又不便于计算，所以常根据经验为它留出工件公差 δ_k 的 1/3。计算时可设 $\Delta_G = \delta_k/3$。

B　保证加工精度的条件

工件在夹具中加工时，总加工误差 $\sum\Delta$ 为上述各项误差之和。由于上述误差均为独立随机变量，应用概率法叠加。因此保证工件加工精度的条件是：

$$\sum \Delta = \sqrt{\Delta_D^2 + \Delta_T^2 + \Delta_A^2 + \Delta_J^2 + \Delta_G^2} \leq \delta_k$$

即工件的总加工误差 $\sum\Delta$ 应不大于工件的加工尺寸公差 δ_k。

为保证夹具有一定的使用寿命，防止夹具因磨损而过早报废，在分析计算工件加工精度时，需留出一定的精度储备量 J_C。因此将上式改写为：

$$\sum \Delta \leq \delta_k - J_C$$

或

$$J_C = \delta_k - \sum \Delta \geq 0$$

当 $J_C \geq 0$ 时，夹具能满足工件的加工要求。J_C 值的大小还表示夹具使用寿命的长短和夹具总图上各项公差值 δ_J 确定得是否合理。

C　在钢套上钻 ϕ5mm 孔的加工精度计算

在图 3-18 所示钻模上钻钢套的 ϕ5mm 孔时，加工精度的计算列于表 3-1 中。

表 3-1　用钻模在钢套上钻 ϕ5mm 孔的加工精度计算　　　　　　　　　mm

加工误差	加 工 要 求	
	位置尺寸 20±0.1	对称度 0.1
Δ_D	0	0.054
Δ_T	0.052	0.052
Δ_A	0	0
Δ_J	$\Delta_{J2}+\Delta_{J3} = 0.06+0.03 = 0.09$	$\Delta_{J2} = 0.03$
Δ_G	$0.2/3 = 0.067$	$0.1/3 = 0.033$
$\sum\Delta$	$\sum \Delta = \sqrt{\Delta_D^2 + \Delta_T^2 + \Delta_A^2 + \Delta_J^2 + \Delta_G^2} = 0.108$	$\sum \Delta = \sqrt{\Delta_D^2 + \Delta_T^2 + \Delta_A^2 + \Delta_J^2 + \Delta_G^2} = 0.087$
J_C	$0.2-0.108 = 0.092 > 0$	$0.1-0.087 = 0.013 > 0$

由表 3-1 可知，该钻模能满足工件的各项精度要求，且有一定的精度储备。

3.4.2 轴承套钻床夹具设计案例

图 3-21 所示为某烧结厂台车上的自润滑轴承，本体材质为黄铜，在轴承体壁上有 96 个 $\phi10mm$ 的孔，孔在加工后向其内镶嵌石墨钉。由于 96-$\phi10mm$ 的孔呈圆周分布，加工困难，因此需设计一专用夹具进行加工。

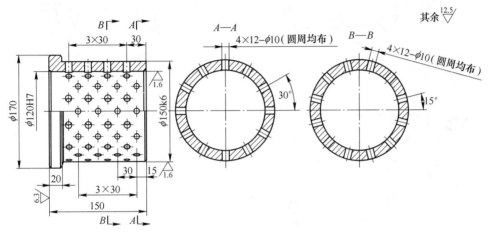

图 3-21 自润滑轴承

3.4.2.1 夹具设计分析

此轴套为烧结台车的自润滑轴承，在钻削加工孔 2×48-$\phi10mm$ 孔时，由于是在外圆面上钻孔，因此孔的定位难度大，加工工位多。常规加工方法是在平台划线后以划线为参考进行加工。此法加工辅助时间长，加工效率低，且难以保证各加工小孔相对于轴承体孔心线的位置度要求。因此需设计钻削夹具以提高孔加工的定位效率，省去划线工序，减少辅助时间。

考虑到孔成两组，每组 48 孔，各组孔在圆周方向成均匀分布，在轴向方向成等距分布，因此钻削夹具应满足两个功能：一是轴向具有等距孔钻模；二是在加工完一排孔后，工件能旋转至下一工位，并快速定位。因此，本案例设计的钻模板可以 180° 翻转定位，以实现用同一钻模板加工两组 48-$\phi10mm$ 孔的要求。另外，工件与心轴的组装设计成固定的装配形式，在加工过程中两者固定不动，而它们的组合体，可以在夹具件松开后旋转，并设计定位插销作为快速定位元件。

装夹工件如图 3-22 所示，加工完一排孔后，松开螺母 4，拔出内六角螺钉 9，拧动钻模板 7，顺时针旋转工件 30°，插上内六角螺钉 9，拧紧螺母 4，加工下一排孔，直至加工完成 4×12-$\phi10mm$ 孔。然后将压板 5 水平调转 180° 安装，按上述方法加工另一组 4×12-$\phi10mm$ 孔达图要求。

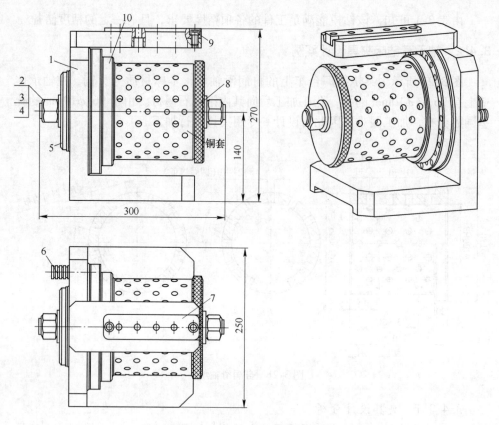

图 3-22　自润滑轴承钻削夹具装配图

1—夹具体；2—双头螺柱；3—垫圈；4—螺母；5，8—压板；
6—定位销；7—钻模板；9—内六角螺钉；10—心轴

3.4.2.2　夹具详细结构设计

如图 3-22 所示，夹具由夹具体 1、双头螺柱 2、垫圈 3、螺母 4、压板 5 和 8、定位销 6、钻模板 7、内六角螺钉 9 和心轴 10 组成。心轴 10 设置在夹具体 1 上，并用压板 5、双头螺柱 2、垫圈 3、螺母 4 与夹具体 1 固连。工件（铜套）设置在心轴上，并采用压板 8 及紧固件实现与心轴的固连。钻模板 7 设置在夹具体 1 上方尺寸为 40H8 的键槽（见图 3-23）内，并用内六角螺钉 9 实现与夹具体 1 的固连。定位销 6 安置在夹具体 1 上设置的 2-ϕ10H8 的销孔（见图 3-23）中，并插入相应心轴 10 上设置的 2×12-ϕ10H9 的销孔中，使通过定位销插入心轴 10 上设置的销孔的不同位置，可以实现加工工件的圆周分度。

夹具体如图 3-23 所示，其上设置有一定位孔 ϕ90H8，在该定位孔中安置心轴（见图 3-24）上设置的 ϕ90f8 轴段，形成间隙配合。夹具体上设置的 40H8 键槽对定位孔 ϕ90H8 孔心线有对称度要求，允差控制在 0.02mm 内。图 3-24 所示

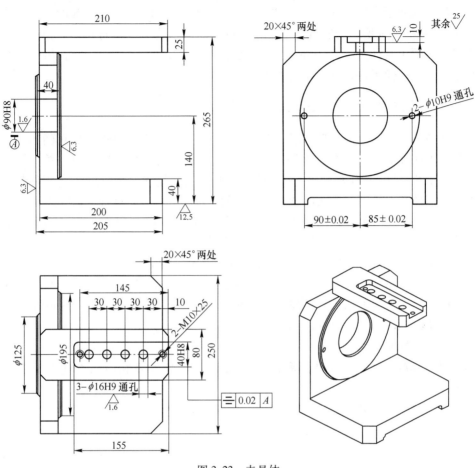

图 3-23 夹具体

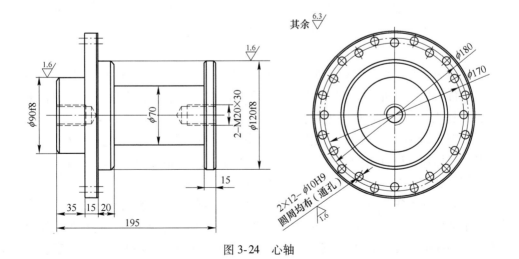

图 3-24 心轴

的心轴，为便于安装工件和预留钻孔空刀位，在 ϕ120f8 的中间位置设置有一直径为 ϕ70mm 的环槽。为实现加工工件上设置的圆周均布、轴向成排且相邻排交错排列的两组共计 96 个 ϕ10mm 孔，在心轴上设置了两组共计 24 个 ϕ10H9 的孔与之对应，以使工件在加工中占据正确的工位。

3.4.3　入口法兰钻床夹具设计案例

在多工位圆锥面钻孔加工时，由于加工刀具与工件之间难以占据正确的加工位置，因此加工难度较大。图 3-25 所示的入口法兰为高压管路入口法兰，加工难度在于 8-ϕ11mm 孔及相应沉孔 ϕ17mm 的加工。因为在锥面上加工，工件装夹困难，工件与刀具即钻头之间难以形成正确的位置关系。且该加工属于多工位加工，加工完一孔后下一孔的快速准确定位也是加工中需要解决的问题。为保证加工质量，提高工件定位和夹紧的效率，需设计专用钻削夹具来完成 8-ϕ11mm 孔及相应沉孔 ϕ17mm 的加工。在钻削加工 8-ϕ11mm 孔及相应沉孔 ϕ17mm 前，需完成工件外形轮廓及内孔加工。在 30° 斜面未车削前，完成 ϕ21mm 孔的钻削加工，以避免在斜面上钻孔，给加工带来难度。ϕ21mm 孔将作为 8-ϕ11mm 孔及相应沉孔 ϕ17mm 的加工定位孔。

该工件的加工工艺安排为：

（1）车削：完成工件外形和内孔的加工，30° 斜面及相应面在此工序中不加工。

（2）钻削：完成 ϕ21mm 孔及 4-ϕ19mm 孔的加工。

（3）车削：车削 30° 斜面及相应面。

（4）钻削：使用专用夹具进行装夹，完成 8-ϕ11mm 孔及相应沉孔 ϕ17mm 的加工。

在上述工艺安排中，完成 8-ϕ11mm 孔及相应沉孔 ϕ17mm 的加工安排在最后工序进行，为该工件的加工难点。以下就 8-ϕ11mm 孔及相应沉孔 ϕ17mm 的钻削夹具的设计进行详细介绍。

图 3-26 所示为入口法兰钻削夹具的安装。该夹具成功地解决了三个问题：一是工件可以准确定位；二是刀具的引导装置在空间上布置合理，工件装拆方便；三是工件可以快速准确地调整工位。

在图 3-26 中，工件的定位由三部分来实现：一是工件在夹具体上的定位，二是夹具体在基础件上的定位，三是整套夹具在机床上的定位。这三部分定位共同作用保证工件有一个正确的加工位置。由于整套夹具在机床上的定位较为简单，因此在此不进行分析，以下着重对前两部分定位情况进行分析。为使工件在夹具上准确定位，设计了图 3-26 中的转盘 3 和螺杆 9，这两个零件通过过盈配合连接在一起成为合件，并在其上装上削边销 10，工件安装在此合件上。工件上

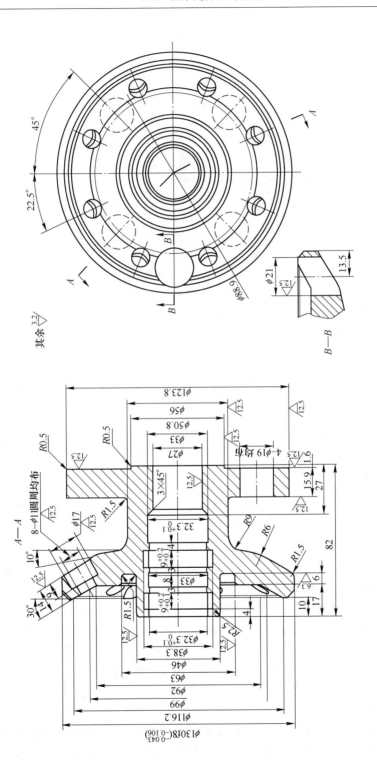

图 3-25　入口法兰加工详图

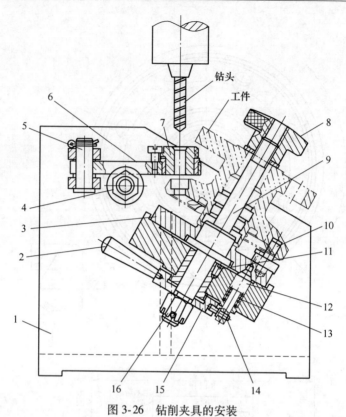

图 3-26 钻削夹具的安装

1—基础件；2—手柄；3—转盘；4—限位柱销；5—销轴；6—钻模板；7—快换钻套；8—螺母；
9—螺杆；10—削边销；11—螺钉；12—对定销；13—弹簧；14—销；15—螺套；16—开槽螺母

前一工序已加工的孔 $\phi21mm$ 与削边销 10 配合，工件内孔 $\phi32.3mm$ 及其端面与合件 3、9 配合，形成一面两孔的定位方式，可以较好地保证工件与夹具体的定位关系。定位完成后，用滚花螺母 8 进行夹紧。为使工件上待加工孔中心线与钻头中心线平行，在基础件上设计了一与基础件底面呈 30°的安装面，当合件 3、9 安装在此安装面上时，工件上的其中一孔（待加工孔）的孔心线正好与基础件底面垂直，即与钻头轴心线平行，如图 3-26 所示，从而工件占据了正确的加工位置。

刀具引导装置在空间的布置上，采用铰链式钻模板，这样工件在安装和加工后的拆卸时，可以避免与钻模板发生干涉。刀具的引导装置由以下零件组成：序号 7 为快换钻套，其作用是在工件加工完 $\phi11mm$ 孔后，可快速更换钻套加工 $\phi17mm$ 的沉孔；序号 6 为钻模板，可以绕销轴 5 旋转，以方便工件装拆；序号 4 为限位柱销，其作用是对钻模板 6 的位置进行准确定位，其上有压紧螺栓可以将钻模板进行固定。

由于 $8-\phi11mm$ 孔及相应沉孔 $\phi17mm$ 不能在工件的一次定位中完成钻削加工，属于多工位加工工件，为此设计了快速更换工件工位的装置。在转盘 3 的圆周上有 8 个径向均布的分度锥孔，该锥孔与转盘 3 上安装削边销 10 的安装孔有准确的位置关系，以保证加工的 8-ϕ11mm 与前面工序加工的孔有正确的位置关系。对定销 12 前端锥面与转盘 3 的锥孔配合，限制了转盘 3 的圆周自由度，由于转盘 3 与工件固连在一起，因此限制了工件的圆周自由度。钻孔前，对定销 12 在弹簧力（由弹簧 13 提供）的作用下插入转盘 3 的分度锥孔中，反转手柄 2，螺套 15 通过开口螺母 16 使转盘 3 锁紧在夹具体上。钻孔后，正转手柄 2 将转盘松开，同时螺套 15 上的端面凸轮通过销 14 将对定销 12 拔出，从而释放转盘 3 的圆周自由度，然后可以进行分度，直至对定销重新插入第二个锥孔，锁紧后便可进行第二个孔的加工。

在使用特点上，该钻床专用夹具采用了铰链式钻模板，可以方便地对工件进行装拆；利用锥面对定销对工件的多工位实现准确而快速的工位调整，并利用端面凸轮机构和弹簧作用实现对工件分度对定销的拔和插。

该钻床专用夹具整体结构紧凑，使用方便可靠，制造成本较低，在解决多工位圆锥面上钻孔的专用钻削夹具的设计上具有较好的借鉴价值。

3.4.4 曲柄钻床夹具设计案例

如图 3-27 所示曲柄，竖向上布置有两平行孔 ϕ10H9 孔与 ϕ22H7 孔，两孔有平行度要求，允差为 0.1mm；水平向布置有一 ϕ13mm 的横孔，该孔对 ϕ22H7 孔有垂直度要求，允差为 0.1mm。

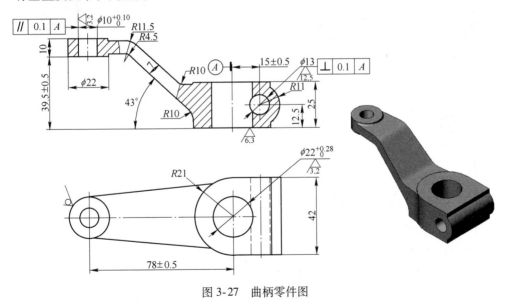

图 3-27 曲柄零件图

3.4.4.1 夹具设计分析

夹具设计要求为：

（1）钻、扩、铰 ϕ10H9 孔及 ϕ11mm 孔。

（2）ϕ10H9 孔与 ϕ22H7 孔的距离为（78±0.5）mm，平行度为 0.3mm。

（3）ϕ11mm 孔与 ϕ28H7 孔的距离为（15±0.25）mm。

（4）ϕ11mm 孔与端面 K 距离为 14mm。

该工件的结构形状比较不规则，臂部刚性不足，加工孔 ϕ10mm 位于悬臂结构处，且该孔精度和表面粗糙度要求高，故工艺规程中分钻、扩、铰多个工序。由于两个孔的位置关系为相互垂直，且不在同一个平面里，要加工完一个孔后翻转 90°再加工另一个孔，因此钻夹具要设计成翻转式。

3.4.4.2　夹具使用特点

以孔 ϕ22mm 及端面 A 定位，以 ϕ13mm 孔外缘毛坯一侧为防转定位面，限制工件六个自由度。为增加刚性，在孔 ϕ10mm 的端面增设一辅助支承，如图 3-28

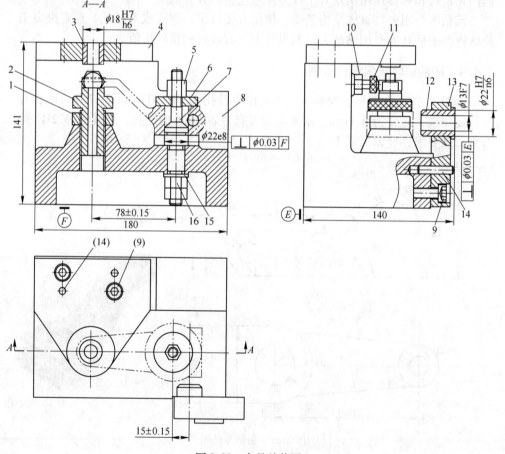

图 3-28　夹具总装图

1，10—锁紧螺母；2—螺旋辅助支承；3，12—钻套；4，13—钻模板；5—夹紧螺母；6—开口垫圈；
7—销轴；8—夹具体；9—螺钉；11—可调支承；14—圆柱销；15—垫圈；16—六角螺母

所示。选择带台阶面的定位销，作为以 $\phi22$mm 孔及其端面的定位元件。选择可调支承钉为 $\phi13$mm 孔外缘毛坯一侧防转定位面的定位元件。采用 M12 螺杆在 $\phi22$mm 孔上端面夹紧工件。

3.4.4.3 夹具结构详细设计

图 3-28 所示的夹具由锁紧螺母 1 和 10、螺旋辅助支承 2、钻套 3 和 12、钻模板 4 和 13、夹紧螺母 5、开口垫圈 6、销轴 7、夹具体 8、螺钉 9、可调支承 11、圆柱销 14、垫圈 15 和六角螺母 16 组成。销轴 7 设置在夹具体 8 上，并用垫圈 15 和六角螺母 16 与夹具体 8 固连。工件设置在销轴 7 上，以销轴 7（见图 3-29）上设置的 $\phi22$e8 及尺寸 6mm 的左端面作为定位基准，并采用夹紧螺母 5 和开口垫圈 6 将工件紧固在销轴 7 上；螺旋辅助支承 2 设置在夹具体 8 上，并与夹具体 8 形成螺旋配合，并设置锁紧螺母 1 来锁紧其在高度方向的位置。可调支承 11 设置在夹具体 1 上，并用锁紧螺母 10 对其进行紧固。钻模板 4 设置在夹具体 8 的上方，其上设置有钻套 3。钻模板 13 设置在夹具体的前侧面上，并与夹具体固连。钻套 12 设置在钻模板 13 上。

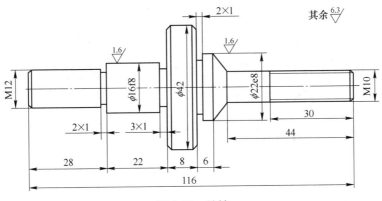

图 3-29 销轴

图 3-30 为夹具立体图。当钻模套 1 垂直于钻床工作台安装时，可以加工工件上 $\phi10^{+0.1}_{0}$mm 的孔（见图 3-27）。加工完后，翻转工件，使钻模套 2 垂直于钻床工作台安装，便可加工工件上 $\phi13$mm 的孔（见图 3-27）。

图 3-31 所示的夹具体结构较为复杂，毛坯采用铸铁制造，材质 HT250。其上设置的 $\phi16$H8 的精孔与销轴（见图 3-29）上设置的 $\phi16$f8 形成间隙配合。其上设置的 M24×1.5 的细牙螺纹与螺旋辅助支承 2（见图 3-28）形成螺旋配合。

3.4.5 法兰盘钻床夹具设计案例

如图 3-32 所示法兰盘，其上设置有 R16mm 的缺口和 3-$\phi7$mm 的把合孔。R16mm 的缺口和 3-$\phi7$mm 的把合孔之间有方位要求。

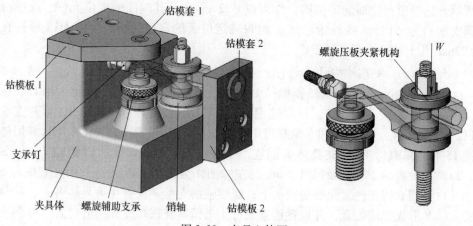

图 3-30　夹具立体图

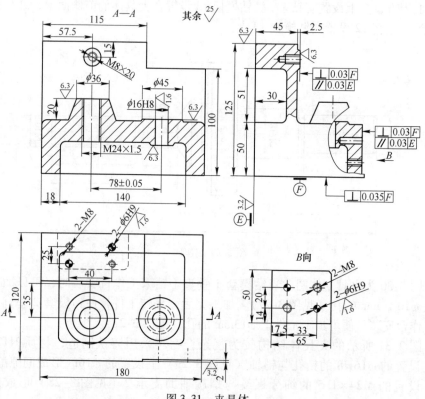

图 3-31　夹具体

3.4.5.1　夹具设计分析

A　夹具设计要求

生产类型为中批生产，选用毛坯类型为 $\phi110\text{mm}\times25\text{mm}$ 棒料，要求设计钻 3

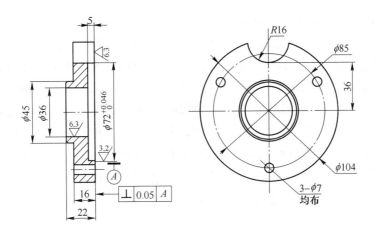

图 3-32 法兰盘零件图

-φ7mm（均布）工序专用钻床夹具。所用刀具为 φ7mm 钻头（W18Cr4V）。

B 设计过程

（1）根据零件特点，按照工艺过程要求，确定工件定位夹紧方案，如图 3-33 所示。

（2）定位方案设计。在本设计方案中，工序尺寸为 $\phi(85 \pm 0.27)$ mm、$\phi7^{+0.1}_{0}$ mm，工序基准为孔的中心线。要满足加工要求，理论应限制的自由度为 $\vec{X}$、$\widehat{X}$、$\vec{Y}$ 和 $\widehat{Y}$。根据工序基准选择 $\phi72$ mm 孔中心线及工件大端面为定位基准，内孔采用 $\phi72\dfrac{H8}{g6}$ 的孔轴配合定位，工件大端面用平面定位。

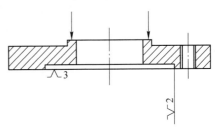

图 3-33 夹具定位方案

通过定位实际限制了工件的 $\vec{X}$、$\widehat{X}$、$\vec{Y}$、$\widehat{Y}$、$\vec{Z}$ 五个自由度。对于 $\phi7^{+0.1}_{0}$ mm 而言，因为是钻孔加工，属定尺寸刀具加工，所以其由刀具保证，但仍需对该定位方案进行定位误差分析核算。

（3）选择引导元件。根据零件的加工特点，钻套形式选用固定钻套，钻套以 H7/n6 固定在钻模板上。确定对刀位置尺寸，计算钻套导孔尺寸，计算对刀误差，确定夹具精度误差。根据总体结构设计，选择合理的引导元件。

（4）选择夹紧装置：根据总体结构设计，结合钻床夹具的特点，选择合理的夹紧装置。

（5）设计夹具体，完成夹具总装图：根据总体结构设计，结合钻床夹具的各部分结构，选择结构合理的夹具体。

3.4.5.2　夹具详细结构设计

如图 3-34 所示，夹具是由夹具体 1、定位心轴 2、键 3、钻模板 4、开口垫圈 5、六角螺母 6、钻套 7 和薄螺母 8 组成。定位心轴 2（见图 3-35）通过其上设置的 $\phi 20_{-0.020}^{-0.007}$ mm 外圆柱面与夹具体 1（见图 3-36）上设置的 $\phi 20_{0}^{+0.021}$ mm 形成间隙配合，通过键 3 实现和夹具体 1 的圆周固连，并通过薄螺母 8 实现二者的轴向紧固。工件（见图 3-32）通过其上设置的内孔 $\phi 72_{0}^{+0.045}$ mm 与定位心轴 2（见图 3-35）上设置 $\phi 72_{-0.029}^{-0.010}$ mm 形成间隙配合。钻模板 4（见图 3-37）通过其上设置的 $\phi 30_{0}^{+0.021}$ mm 与定位心轴 2（见图 3-35）上设置 $\phi 30_{-0.020}^{-0.007}$ mm 形成间隙配合，并通过开口垫圈 5 和六角螺母 6 实现与工件间的紧固。

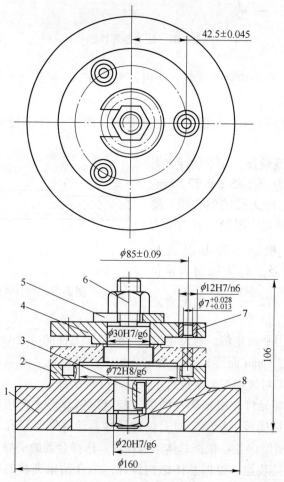

图 3-34　夹具总装图

1—夹具体；2—定位心轴；3—键；4—钻模板；5—开口垫圈；
6—六角螺母；7—钻套；8—薄螺母

夹具体的毛坯采用成型钢板气割下料，材质采用 Q235-A，加工时应重点保证 $\phi 20^{+0.021}_{0}$ mm 孔心线与基准面 A 的垂直度要求。

定位心轴采用锻造毛坯，材质采用 45 钢，加工时应重点保证几处精加工圆柱面之间的同轴度要求以及 $\phi 20^{+0.021}_{0}$ mm 孔心线与基准面 A 的垂直度要求。

钻模板的毛坯采用成型钢板气割下料，材质采用 Q235-A。其上设置有 $3-12^{+0.018}_{0}$ mm 的钻套安装孔，该孔要求的加工精度较高，尤其是要保证 3 个孔的位置度要求。

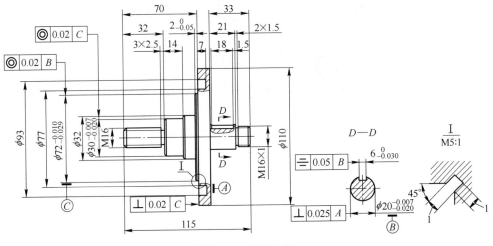

图 3-35　定位心轴

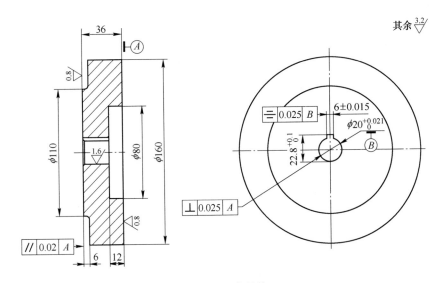

图 3-36　夹具体

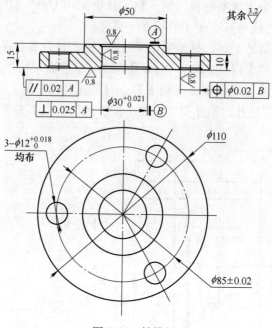

图 3-37   钻模板

4 铣床专用夹具设计

4.1 铣床专用夹具的组成与作用

现以铣键槽夹具为例概要说明铣床夹具的组成及作用。在轴上铣键槽的工序如图 4-1 所示。图中的技术要求除键槽宽度 12H9 由铣刀本身宽度尺寸保证外，其余各项要求需要依靠工件在加工时相对于刀具及机床切削成型运动轨迹所处的位置来保证，如图 4-2 所示。

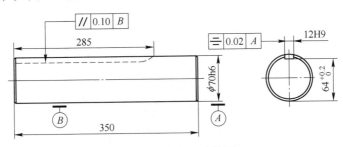

图 4-1   铣键槽工序简图

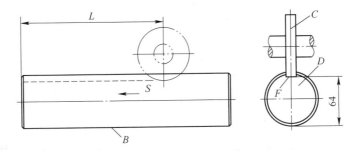

图 4-2   工件在加工中的正确位置

（1）工件 $\phi70h6$ 外圆柱面的轴向中心面 D 与铣刀对称平面 C 重合。

（2）工件 $\phi70h6$ 外圆下母线 B 距离铣刀圆周刃口 F 为 64mm。

（3）工件 $\phi70h6$ 外圆下母线 B 与工件的纵向进给方向 S 平行。

（4）纵向进给终了时工件左端面距铣刀中心线的距离为 L（L 尺寸需按铣刀直径根据有关尺寸计算）。

为保证工件能快速、简单地通过装夹获得上述要求的正确位置，需要使用图 4-3 所示的专用夹具。夹具装在铣床工作台上。夹具体 1 的底面与工作台台面紧密接触。定向键 2 嵌入工作台的 T 形槽内与 T 形槽的纵向侧面相配合。调整工作台的横向位置，用对刀装置 10 及塞尺确定夹具相对于铣刀的位置。铣床工作台的纵向进给终了位置由行程挡铁控制，并通过试切确定。

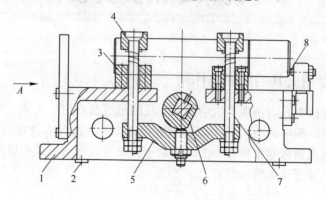

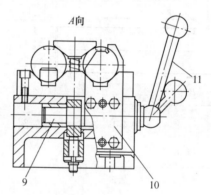

图 4-3 铣键槽夹具的结构

1—夹具体；2—定向键；3—V 形块；4—压板；5—杠杆；6—偏心轮；
7—拉杆；8—螺钉；9—轴；10—对刀装置；11—手柄

夹具每次装夹两个工件，分别放在两副 V 形块 3 上，工件端部顶在定位螺钉 8 的端部，从而使工件自然占据要求的正确位置，实现工件的定位。然后转动手柄 11 带动偏心轮 6 转动，偏心轮 6 推动杠杆 5 将两根拉杆 7 向下拉动，带动两块压板 4 同时将两个工件夹紧。使用夹具装夹工件之所以能保证工件的正确位置，是因为它保证了下列条件：

（1）保证对刀装置 10 的侧面与 V 形块 3 的中心对称面的距离为键槽宽度（12H9）值的一半加上塞尺厚度尺寸。对刀时使铣刀侧刃口与对刀装置 10 之间的距离恰好能放上塞尺，这样就能保证 V 形块中心对称面，即装夹后的工件轴向中心面 D 与铣刀对称平面 C 重合。

（2）保证对刀装置 10 的底面与放置在 V 形块 3 上 $\phi70\text{mm}$ 样件的下母线 B

的距离为加工要求尺寸 64mm 减去塞尺厚度尺寸。因此同样直径的工件放上 V 形块后下母线与铣刀圆周刃口 F 的距离为 64mm。

（3）保证 V 形块的中心与夹具底面及两个定向键 2 的侧面平行，以保证外圆母线与工件的纵向进给方向 S 平行。

（4）铣床工作台纵向进给的终了位置应能保证键槽的长度尺寸，这可通过试切工件调整夹具相对铣刀的位置来实现。当试切工件达到要求的尺寸 L（或者285mm）后，将控制工作台纵向位置的行程挡铁固定。

由上例可见，铣床专用夹具的组成一般由以下几部分组成：

（1）定位元件。确定工件在夹具中位置的元件，通过它使工件相对于刀具及铣床切削成型运动处于正确的位置。如上例中的 V 形块 3 和定位螺钉 8 就是定位元件。

（2）夹紧装置。保持工件在夹具中获得的既定位置，使其在外力作用下不产生位移的装置。夹紧装置通常是由夹紧元件、增力及传动装置以及动力装置等组成。如上例中由压板 4、拉杆 7、杠杆 5、偏心轮 6、轴 9 和手柄 11 构成的机构即是该夹具的夹紧装置。

（3）对刀和引导元件。确定夹具相对于刀具的位置或引导刀具方向的元件，如上例中的对刀装置 10。

（4）夹具体。连接夹具上各元件、装置及机构使之成为一个整体的基础件，如上例中的件 1。

（5）其他元件。根据夹具特殊功能的需要而设置的元件或装置，如分度装置等。

应该指出，并不是每台夹具都必须具备上述的各组成部分。但一般说来，定位元件、夹紧装置和夹具体是夹具的基本组成部分。要保证工件加工尺寸精度和相对位置精度，需要工件在夹具中有正确的定位、夹具相对于铣床有正确的位置关系、夹具相对于刀具经过精确地调整。

铣床夹具的作用归纳起来，主要有以下几条：

（1）保证加工精度。采用夹具装夹工件可以准确地确定工件与铣床切削成型运动和刀具之间的相对位置，并且不受主观因素的影响，工件在加工中的正确位置易于得到保证，因此比较容易获得较高的加工精度和使一批工件稳定地获得同一加工精度。

（2）提高生产率。夹具能够快速地装夹工件，有的还可使装夹工件的辅助时间与基本时间部分或全部重合，缩短装夹工件的辅助时间，提高劳动生产率。在生产批量较大时，可以采用快速、高效率的多工件、多工位机动夹具，尽可能地减少装夹工件的辅助时间。

（3）扩大铣床的工艺范围。在普通铣床上配置适当的夹具可以扩大铣床的工艺范围、实现一机多能。

（4）降低对工人的技术要求和减轻工人的劳动强度。采用夹具装夹工件，工件的定位精度由夹具本身保证，不需要操作者有较高的技术水平；快速装夹和机动夹紧可以减轻工人的劳动强度。

4.2 铣床专用夹具的典型结构

铣床夹具主要用于加工零件上的平面、沟槽、缺口、花键以及成型面等。按照铣削时的进给方式，铣床夹具通常分为三类：直线进给式、圆周进给式以及靠模铣床夹具。其中，直线进给式铣床夹具用得最多。

4.2.1 直线进给式铣床夹具

这类夹具安装在铣床工作台上，随工作台一起做直线进给运动。按照在夹具上装夹工件的数目，这类夹具可分为单件夹具和多件夹具。

多件夹具广泛用于成批生产或大量生产的中、小零件加工中。它可按先后加工、平行加工或平行-先后加工等方式进行设计，以节省切削的基本时间或使切削的基本时间重合。

图 4-4 所示为轴端铣方头夹具。它采用平行对向式多位联动夹紧结构，旋转

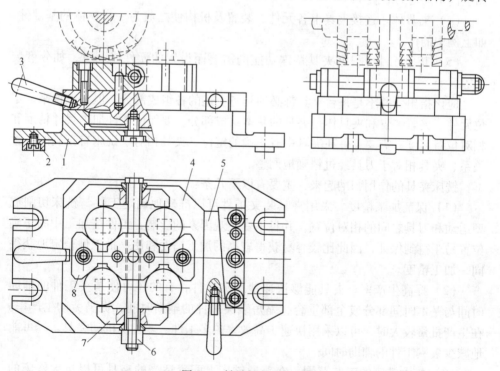

图 4-4　轴端铣方头夹具

1—夹具体；2—定位键；3—手柄；4—回转座；5—楔块；6—螺母；7—压板；8—V 形块

夹紧螺母6，通过球面垫圈及压板7将工件压在V形块8上。四把三面刃铣刀同时铣完两侧面后，取下楔块5，将回转座4转过90°，再用楔块5将回转座定位并锁紧，即可铣工件的另两个侧面。该夹具在一次安装中完成两个工位的加工，在设计中采用了平行-先后加工方式，既节省了切削基本时间，又使铣削两排工件表面的基本时间重合。

图4-5所示为带装料框的铣床夹具。夹具由两部分组成：一部分是固定在机床工作台上的基础部分；另一部分是可装卸的装料框（见图4-5b）。前者设置有夹紧装置、夹具体等，后者为定位元件。一个夹具应配备两个以上装料框，操作者利用切削基本时间事先装好工件，与装料框一起送到夹具体中，再由夹具体上的夹紧机构夹紧。这种夹具可使装卸工件的部分辅助时间与切削基本时间重合，从而提高生产效率。

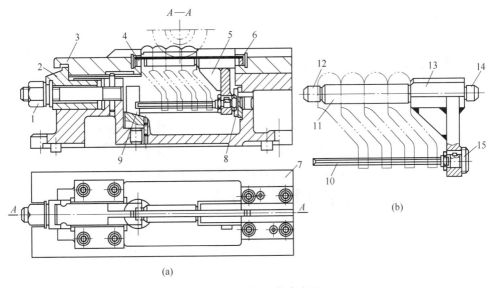

图 4-5　带装料框的铣床夹具

（a）夹具总装图；（b）装料框的结构

1—螺母；2—压板；3—压块；4，6—定位销；5—装料框；7—夹具体；
8，9—定位槽口；10，15—菱形销；11，12，14—圆柱销；13—支架

采用双工位转台也可以使切削的基本时间和装卸工件的辅助时间重合。如图4-6所示，双工位转台3上安装两个工作夹具2和4，当一个夹具工作时，可在另一个夹具上装卸工件。在设计这类夹具时，应特别注意操作安全和操作者的劳动强度。

从以上实例中可以看出，采用不同的加工方式设计多件铣床夹具，可不同程度地提高生产效率。此外，根据生产规模的大小，合理设计夹紧装置，注意采用联动夹紧机构，气压、液压等动力装置，也可有效地提高铣床夹具的工作效率。

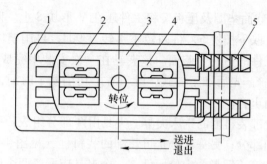

图 4-6 双工位转台工作原理

1—工作台；2，4—工作夹具；3—双工位转台；5—铣刀

4.2.2　圆周进给式铣床夹具

圆周进给式铣床夹具一般在有回转工作台的专用铣床上使用。在通用铣床上使用时，应进行改装，增加一个回转工作台。如图 4-7 所示，铣削拨叉上、下两端面，工件以圆孔、端面及侧面在定位销 2 和挡销 4 上定位，由液压缸 6 驱动拉杆 1 通过快换垫圈 3 将工件夹紧。夹具上可同时装夹 12 个工件。

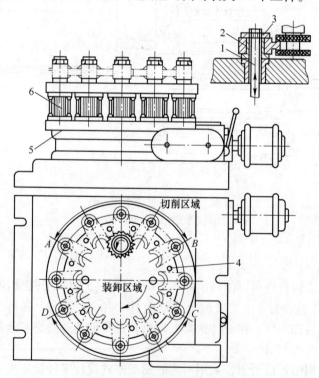

图 4-7　圆周进给铣床夹具

1—拉杆；2—定位销；3—快换垫圈；4—挡销；5—转台；6—液压缸

工作台由电动机通过蜗杆蜗轮机构传动回转。*AB* 是切削工件区域，*CD* 是装卸工件区域，该夹具可在不停车的情况下装卸工件，使切削的基本时间和装卸工件的辅助时间重合。因此，此夹具生产效率高，适用于大批量生产中的中、小件加工。

分析上述典型夹具的结构特点，我们可以得出铣床专用夹具结构的一般性特征：

（1）工件的定位基准往往采用已加工好的表面（如孔及其端面、平面、沟槽）作为精基准。

（2）待加工的工件往往形状不规则，加工刚性差，常需设置辅助支承。

（3）铣床夹具设计时应多考虑加工效率，常采用多件同时加工或多工位加工。

4.3　铣床夹具设计要点

铣削加工是切削力较大的多刃断续切削加工时容易产生振动。根据铣削加工的特点，铣床夹具必须具有良好的抗振性能，以保证工件的加工精度和表面粗糙度要求。为此，应合理设计定位元件、夹紧装置以及总体结构等。

4.3.1　定位元件和夹紧装置的设计要点

为保证工件定位的稳定性，除应遵循一般的设计原则外，铣床夹具定位元件的布置，还应尽量使主要支承面积大些。若工件的加工部位呈悬臂状态，则应采用辅助支承，增加工件的安装刚度，防止振动。

设计夹紧装置应保证有足够的夹紧力，且具有良好的自锁性能，以防止夹紧机构因振动而松夹。施力的方向和作用点要恰当，并尽量靠近加工表面，必要时设置辅助夹紧机构，以提高夹紧刚度。对于切削用量大的铣床夹具，最好采用螺旋夹紧机构。

4.3.2　特殊元件的设计要点

4.3.2.1　定位键

定位键安装在夹具底面的纵向槽中，一般使用两个，用开槽圆柱头螺钉固定。小型夹具也可使用一个断面为矩形的长键作定位键。通过定位键与铣床工作台上 T 形槽的配合，确定夹具在机床上的正确位置。定位键还可承受铣削时产生的切削扭矩，减轻夹具固定螺栓的负荷，加强夹具在加工过程中的稳固性。

常用定位键的断面为矩形，矩形定位键已标准化，如图 4-8 所示。

对于 A 型键，其与夹具体槽和工作台 T 形槽的配合尺寸均为 *B*，极限偏差可选 h6 或 h8。夹具体上用于安装定位键的槽宽 B_2 与 *B* 尺寸相同，极限偏差可选

其余 $\sqrt{\dfrac{12.5}{}}$

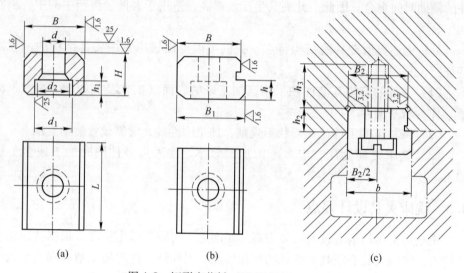

(a)　　　　　　　　(b)　　　　　　　　(c)

图 4-8　矩形定位键（JB/T 8016—1999）

（a）A 型；（b）B 型；（c）相配件尺寸

H7 或 Js6。为了提高精度，可选用 B 型定位键，其与 T 形槽配合的尺寸 B_1 留有 0.5mm 磨量，可按机床 T 形槽实际尺寸配作，极限偏差 h6 或 h8。

图 4-9 所示为标准定向键的结构与应用。配备一对定向键，可以用于不同夹具的定向。键与夹具体槽的配合取 H7/h6，与 T 形槽的配合尺寸 B_1 预留有 0.5mm 磨量，可按 T 形槽实际尺寸配作，极限偏差取 h6 或 h8。

相配件尺寸 其余 $\sqrt{\dfrac{12.5}{}}$

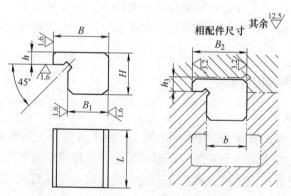

图 4-9　定向键（JB/T 8017—1999）

为了提高精度，两个定位键（或定向键）间的距离尽可能大些，安装夹具时，让键靠向 T 形槽一侧，以避免间隙的影响。

对于位置精度要求高的夹具，常不设置定位键（或定向键），而用找正的方法安装夹具，如图4-10所示。在图4-10（a）所示的V形块上放入精密心棒，通过用固定在床身或主轴上的百分表进行找正，夹具就可获得所需的准确位置。这种方法是直接按成型运动来确定定位元件的位置，避免了中间环节的影响。为了找正方便，还可在夹具体上专门加工出找正基准（图4-10b中的平面A），用以代替对元件定位面的直接测量。此时定位元件与找正基准之间应有严格的相对位置要求。

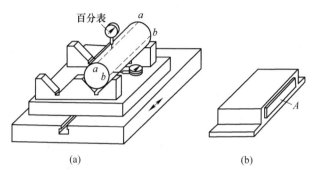

（a）   （b）

图4-10　夹具位置的找正

4.3.2.2　对刀装置

对刀装置主要由对刀块和塞尺组成，用以确定夹具与刀具间的相对位置。对刀块的结构形式取决于加工表面的形状。图4-11（a）所示为圆形对刀块，用于加工平面；图4-11（b）所示为方形对刀块，用于调整组合铣刀的位置；图4-11（c）所示为直角对刀块，用于加工两相互垂直面或铣槽时的对刀；图4-11（d）所示为侧装对刀块，亦用于加工两相互垂直面或铣槽时的对刀。这些标准对刀块的结构参数均可从有关手册中查取。各对刀块的应用如图4-12所示。

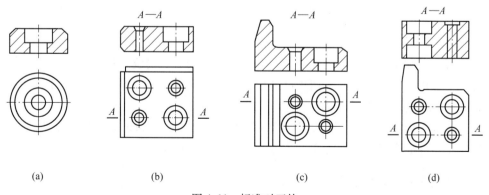

（a）   （b）   （c）   （d）

图4-11　标准对刀块

（a）圆形对刀块（JB/T 8031.1—1999）；（b）方形对刀块（JB/T 8031.2—1999）；
（c）直角对刀块（JB/T 8031.3—1999）；（d）侧装对刀块（JB/T 8031.4—1999）

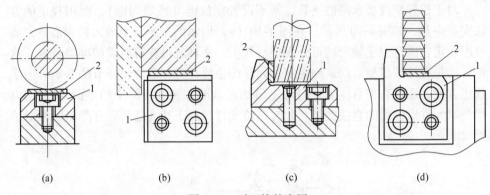

图 4-12 对刀块的应用

（a）圆形对刀块；（b）方形对刀块；（c）直角对刀块；（d）侧装对刀块

1—对刀块；2—对刀平塞尺

使用对刀装置对刀时在刀具和对刀块之间用塞尺进行调整，以免损坏切削刃或造成对刀块过早磨损。图 4-13 所示为常用标准塞尺的结构。平塞尺的基本尺寸 H 为 1~5mm，圆柱塞尺的基本尺寸 d 为 $\phi3mm$ 或 $\phi5mm$，均按公差带 h8 制造，在夹具总图上应注明塞的尺寸。

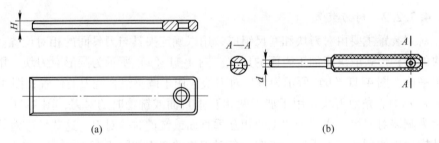

图 4-13 标准对刀塞尺

（a）对刀平塞尺（JB/T 8032.1—1999）；（b）对刀圆柱塞尺（JB/T 8032.2—1999）

对刀块通常制成单独的元件，用销钉和螺钉紧固在夹具上，其位置应便于使用塞尺对刀和不妨碍工件的装卸。对刀块的工作表面与定位元件间应有一定的位置尺寸要求，其位置尺寸 h（图 4-14 中 $h_1 h_2$）为限位基准（V 形块的设计心轴的轴线）到对刀块表面的距离。

标准对刀块的材料为 20 钢，渗碳深度为 0.8~1.2mm，淬火硬度为 58~64HRC。标准塞尺的材料为 T8，淬火硬度为 55~60HRC。

4.3.3 夹具的设计要点

为了提高铣床夹具在机床上安装的稳固性和动态下的抗振性能，在进行夹具的总体结构设计时，各种装置的布置应紧凑，加工面尽可能靠近工作台面，以降

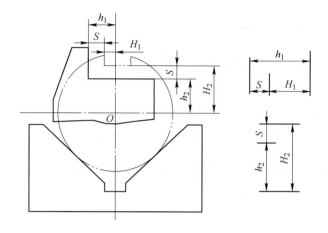

图 4-14 对刀块位置尺寸

低夹具的重心，一般夹具的高宽之比应限制在 $H/B \leqslant 1.25$。

铣床夹具的夹具体应具有足够的刚度和强度，必要时设置加强肋。此外，还应合理地设置耳座，以便与工作台连接。常见的耳座结构如图 4-15 所示，有关尺寸设计时可查阅《机床夹具设计手册》。如果夹具体的宽度尺寸较大时，可在同一侧设置两个耳座，两耳座间的距离应和铣床工作台两 T 形槽间的距离相一致。

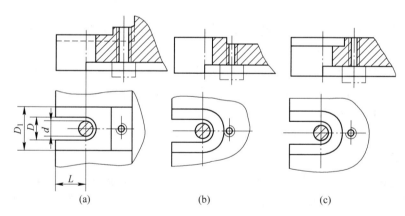

图 4-15 夹具体耳座
（a）方头凹槽沉孔耳座；（b）圆头凸台耳座；
（c）圆头凹槽沉孔耳座

铣削加工时会产生大量切屑，因此夹具应具有足够的排屑空间，并考虑切屑的流向，使清理切屑方便。对于重型铣床夹具，在夹具体上应设置吊环，以便于搬运。

4.4　铣床夹具设计案例

4.4.1　车床尾座顶尖套铣床夹具设计案例

如图 4-16 所示，要求铣一车床尾座顶尖套上的键槽和油槽，试设计大批生产时所用的铣床夹具。

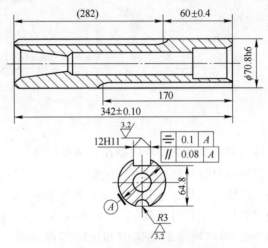

图 4-16　铣顶尖套双槽工序图

根据工艺规程，在铣双槽之前，其他表面均已加工好，本工序的加工要求是：

（1）键槽宽 12H11。槽侧面对 ϕ70.8h6 轴线的对称度为 0.10mm，平行度为 0.08mm。槽深控制尺寸 64.8mm。键槽长度（60±0.4）mm。

（2）油槽半径 3mm，圆心在轴的圆柱面上。油槽长度 170mm。

（3）键槽与油槽的对称面应在同一平面内。

4.4.1.1　定位方案

若先铣键槽后铣油槽，按加工要求，铣键槽时应限制五个自由度，铣油槽时应限制六个自由度。因为是大批生产，为了提高生产率，可在铣床主轴上安装两把直径相等的铣刀，同时对两个工件铣键槽和油槽。每进给一次，即能得到一个键槽和油槽均已加工好的工件。这类夹具称多工位加工铣床夹具。顶尖套铣双槽的两种定位方案如下。

方案一：工件以 ϕ70.8h6 外圆在两个互相垂直的平面上定位，端面加止推销。

方案二：工件以 ϕ70.8h6 外圆在 V 形块上定位，端面加止推销。

为保证油槽和键槽的对称面在同一平面内，两方案中的第Ⅱ工位（铣油槽工位）都需用一短销与已铣好的键槽配合，限制工件绕轴线的角度自由度。由于键槽和油槽的长度不等，要同时进给完毕，需将两个止推销沿工件轴线方向错开适当的距离。

比较以上两种方案，方案一使加工尺寸为 64.8mm 的定位误差为零，方案二则使对称度的定位误差为零。由于 64.8mm 未注公差，加工要求低，而对称度的公差较小，故选用方案二较好，从承受切削力的角度看，方案二也较可靠。

4.4.1.2 夹紧方案

根据夹紧力的方向应朝向主要限位面以及作用点应落在定位元件的支承范围内的原则，如图 4-17 所示，夹紧力的作用线应落在 β 区域内（N' 为接触点）。夹紧力与垂直方向的夹角应尽量小，以保证夹紧稳定可靠。铰链压板的两个弧形面的曲率半径应大于工件的最大半径。

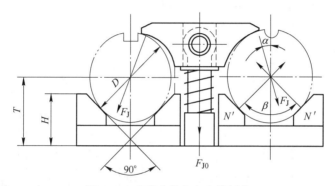

图 4-17　夹紧力的方向和作用点

由于顶尖套较长，需用两块压板在两处夹紧。如果采用手动夹紧，则工件装卸所花时间较多，不能适应大批生产的要求；如果采用气动夹紧，则夹具体积太大，不便安装在铣床工作台上。因此宜用液压夹紧，如图 4-18 所示。采用小型夹具用法兰式液压缸 5 固定在 Ⅰ、Ⅱ 工位之间，采用联动夹紧机构使两块压板 7 同时均匀地夹紧工件。液压缸的结构形式和活塞直径可参考《机床夹具设计手册》。

4.4.1.3 对刀方案

键槽铣刀需两个方向对刀，故应采用侧装直角对刀块 6。由于两铣刀的直径相等，油槽深度由两工位 V 形块定位高度之差保证。两铣刀的距离（125±0.03）mm则由两铣刀间的轴套长度确定。因此，只需设置一个对刀块即能满足键槽和油槽的加工要求。

4.4.1.4 夹具体与定位键设计

为了在夹具体上安装液压缸和联动夹紧机构，夹具体应有适当高度，中部应有较大的空间。为保证夹具在工作台上安装稳定，应按照夹具体的高宽比不大于1.25 的原则确定其宽度，并在两端设置耳座，以便固定。

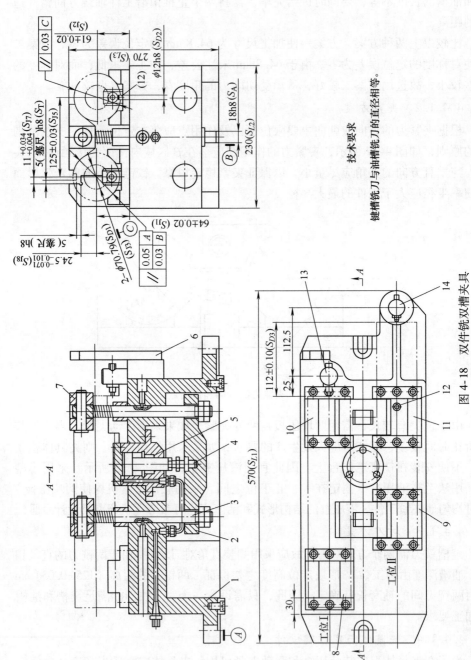

技术要求

键槽铣刀与油槽铣刀的直径相等。

图 4-18　双件铣双槽夹具

1—夹具体；2—浮动缸杆；3—螺杆；4—支承钉；5—液压缸；6—对刀块；7—压板；8~11—V形块；12—定位销；13、14—止推销

　　为了保证槽的对称度要求，夹具体底面应设置定位键，两定位键的侧面应与 V 形块的对称面平行。为减小夹具的安装误差，宜采用 B 型定位键。

4.4.1.5　夹具尺寸、公差和技术要求

　　（1）夹具最大轮廓尺寸为 570mm（S_{L1}）、230mm（S_{L2}）、270mm（S_{L3}）。

　　（2）影响工件定位精度的尺寸和公差为两组 V 形块的设计心轴直径 ϕ70.79mm（S_{D1}）、定位销 12 与工件上键槽的配合尺寸 ϕ12h8（S_{D2}）、两止推销的距离 112mm±0.1mm（S_{D3}）。

　　（3）影响夹具在机床上安装精度的尺寸和公差为定位键与铣床工作台 T 形槽的配合尺寸 18h8（S_A，T 形槽为 18H8）。

　　（4）影响夹具精度的尺寸和公差为两组 V 形块的定位高度 64mm±0.02mm（S_{J1}）、61mm±0.02mm（S_{J2}）；Ⅰ 工位 V 形块设计心轴轴线对夹具底面 A 的平行度 0.05mm（S_{J3}）；Ⅰ 工位 V 形块 8、10 设计心轴轴线对定位键侧面 B 的平行度 0.03mm（S_{J4}）；Ⅰ 工位与 Ⅱ 工位 V 形块的距离尺寸 125mm±0.03mm（S_{J5}）；Ⅰ 工位与 Ⅱ 工位 V 形块设计心轴轴线间的平行度 0.03mm（S_{J6}）。对刀块的位置尺寸 $11^{-0.017}_{-0.047}$ mm（或 10.938mm±0.015mm，S_{J7}）、$24.5^{+0.01}_{-0.02}$ mm（或 24.495mm±0.015mm，S_{J8}）。

　　对刀块的位置尺寸 h（图 4-14 中 h_1、h_2）为限位基准（V 形块的设计心轴的轴线）到对刀块表面的距离。计算时，要考虑定位基准在加工尺寸方向的最小位移量 i_{min}。

　　当最小位移量使加工尺寸增大时，

$$h = H \pm S - i_{min}$$

　　当最小位移量使加工尺寸缩小时，

$$h = H \pm S + i_{min}$$

式中　h——对刀块的位置尺寸；

　　　H——定位基准至加工表面的距离；

　　　S——塞尺厚度。

　　当工件以圆孔在心轴上定位或者以圆柱面在定位套中定位并在外力作用下单边接触时，

$$i_{min} = \frac{X_{min}}{2}$$

式中　X_{min}——圆柱面与圆孔的最小配合间隙。

　　当工件以圆柱面在 V 形块上定位时，$i_{min} = 0$。

　　按图 4-14 所示的两个尺寸链，将各环转化为平均尺寸（对称偏差的基本尺寸），分别算出 h_1 和 h_2 的平均尺寸，然后取工件相应尺寸公差的 1/5～1/2 作为 h_1 和 h_2 的公差，即可确定对刀块的位置尺寸和公差。

本案例中，由于工件定位基面直径 $\phi 70.8h6 = \phi 70.8_{-0.019}^{0}$ mm $= \phi(70.7905 \pm 0.0095)$ mm，塞尺厚 $S = 5h8 = 5_{-0.018}^{0}$ mm $= (4.991 \pm 0.009)$ mm，键槽宽 $12H11 = 12_{0}^{+0.011}$ mm $= (12.055 \pm 0.055)$ mm，槽深控制尺寸 $64.8Js12 = (64.8 \pm 0.15)$ mm，所以对刀块水平方向的位置尺寸为：

$$H_1 = \frac{12.055}{2} \text{mm}$$

$$h_1 = 6.0275 + 4.991 = 11.0185 \text{mm（基本尺寸）}$$

对刀块垂直方向的位置尺寸为：

$$H_2 = 64.8 - \frac{70.7905}{2} = 29.405 \text{mm}$$

$$h_2 = 29.405 - 4.991 = 24.414 \text{mm（基本尺寸）}$$

取工件相应尺寸公差的 $1/5 \sim 1/2$ 得：

$$h_1 = (10.0185 \pm 0.015) \text{mm} = 11_{+0.004}^{+0.034} \text{mm}$$

$$h_2 = (24.414 \pm 0.015) \text{mm} = 24.5_{-0.101}^{-0.071} \text{mm}$$

（5）夹具总图上应标注下列技术要求：键槽刀与油槽铣刀的直径相等。

4.4.1.6 加工精度分析

顶尖套铣双槽工序中，键槽两侧面对 $\phi 70.8h6$ 轴线的对称度和平行度要求较高，应进行精度分析。其他加工要求未注公差或公差很大，可不进行精度分析。

A 键槽侧面对 $\phi 70.8h6$ 轴线的对称度的加工精度

（1）定位误差 Δ_D。由于对称度的工序基准是 $\phi 70.8h6$ 轴线，定位基准也是此轴线，因此 $\Delta_B = 0$。由于 V 形块的对中性，因此 $\Delta_Y = 0$。故，对称度的定位误差为零。

（2）安装误差 Δ_A。定位键在 T 形槽中有两种位置，如图 4-19 所示。图中 O_{11}、O_{21} 和 O_{31} 分别表示一个定位键的中心位置，与之对应的是另一定位键的中心位置 O_{12}、O_{22} 和 O_{32}，其中 O_{11} 和 O_{12} 表示定位键的理想位置，而 O_{21} 和 O_{31}、O_{22} 和 O_{32} 分别表示两定位键的两极端位置。

若加工尺寸在两定位键之间，则按图 4-19（a）所示计算：

$$\Delta_A = X_{max} = 0.027 + 0.027 = 0.054 \text{mm}$$

若加工尺寸在两定位键之外，则按图 4-19（b）所示计算：

$$\Delta_A = X_{max} + 2L\tan\Delta\alpha$$

$$\tan\Delta\alpha = \frac{X_{max}}{L_0}$$

（3）对刀误差 Δ_T。对称度的对刀误差等于塞尺厚度的公差，即 $\Delta_T = 0.018$ mm。

（4）夹具误差 Δ_J。影响对称度的误差有 I 工位 V 形块设计心轴轴线对定位

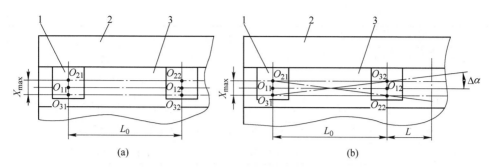

图 4-19　顶尖套铣双槽夹具的安装误差

（a）加工尺寸在定位键中；（b）加工尺寸在定位键外

1—定位键；2—工作台；3—T 形槽

键侧面 B 的平行度 0.03mm、对刀块水平位置尺寸 $11^{+0.034}_{+0.004}$ mm 的公差，所以 $\Delta_J =$ $(0.03 + 0.03)$mm $= 0.06$mm。

B　键槽侧面对 ϕ70.8h6 轴线的平行度的加工误差

（1）定位误差 Δ_D。由于一般是在装配后再一起精加工两 V 形块 8、10（见图 4-18）的 V 形面，它们的相互位置误差极小，因此可视为一长 V 形块，所以 $\Delta_D = 0$。

（2）安装误差 Δ_A。当定位键的位置如图 4-19（a）所示时，工件的轴线相对工作台导轨平行，所以 $\Delta_{A=0}$。

当定位键的位置如图 4-19（b）所示时，工件的轴线相对工作台导轨有转角误差，使键槽侧面对 ϕ70.8h6 轴线产生平行度误差，故

$$\Delta_A = \tan\Delta\alpha L = \frac{0.054}{400} \times 282 = 0.038\text{mm}$$

（3）对刀误差 Δ_T。由于平行度不受塞尺厚度的影响，因此 $\Delta_T = 0$。

（4）夹具误差 Δ_J。影响平行度的制造误差是 I 工位 V 形块设计心轴轴线与定位键侧面 B 的平行度 0.03mm，所以 $\Delta_J = 0.03$mm。

总加工误差 $\sum\Delta$ 和精度储备 J_c 的计算见表 4-1。经计算可知，顶尖套铣双槽夹具不仅可以保证加工要求，而且还有一定的精度储备。

表 4-1　顶尖套铣双槽夹具的加工误差　　　　　　　　　　　　　　mm

加工误差	加 工 要 求	
	对称度 0.1	平行度 0.08
Δ_D	0	0
Δ_A	0.054	0.038
Δ_T	0.018	0

加工误差	加工要求	
	对称度 0.1	平行度 0.08
Δ_J	0.06	0.03
Δ_G	0.1/3 = 0.033	0.08/3 = 0.027
$\Sigma\Delta$	$\sqrt{0.054^2 + 0.018^2 + 0.06^2 + 0.033^2} = 0.089$	$\sqrt{0.038^2 + 0.03^2 + 0.027^2} = 0.055$
J_C	0.1 - 0.089 = 0.011 > 0	0.08 - 0.055 = 0.025 > 0

4.4.2 轴承座铣床夹具设计案例

4.4.2.1 工艺分析

如图 4-20 所示，此轴承座上尺寸为 55h8 的凸台，对孔 φ180H7 轴心线有较高的对称度要求，其对称度误差的大小，直接决定装配后辊子与辊子间的平行度，而尺寸（180±0.05）mm 对孔 φ180H7 的平行度精度及尺寸（180±0.05）mm 本身的尺寸精度，决定了轴承座的装配位置精度。如采用普通加工方法，其测量较困难，加工难以保证，且工件数量较大，属于中批量生产，鉴于此，需通过设计专用工装来保证加工质量和提高加工效率，并将工装设计在铣床工序中。

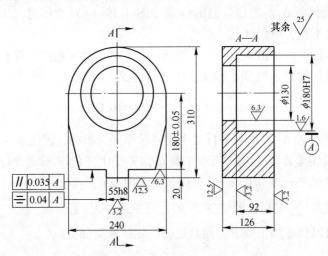

图 4-20　轴承座

加工工序安排如下：

（1）划线：划全线检查毛坯各加工部位是否有足够的加工余量，并划出尺寸 126mm 左端面的加工位置线。

（2）刨削加工：将多件工件一次装夹在刨床 B1010A 上，对尺寸 126mm 左端面进行刨削加工，达图纸要求。

（3）车削加工：在车床 C630 上以尺寸 126mm 左端面为安装基准面，按线找正，夹紧后加工尺寸 $\phi180H7$、$\phi130$、尺寸 126mm 右端面和尺寸 92mm 左端面达图要求。

（4）镗销加工：在镗铣床 TH6580 上将工件安装在已经找正安装好的工装上，简单找正后，数控编程加工尺寸 55H8、尺寸 20mm 上下端面达图要求。

（5）钳工：钳工打毛刺。

4.4.2.2　夹具的总体设计思路

考虑到尺寸 55h8 的两端面对孔 $\phi180H7$ 的轴心线有较高的对称度要求，且尺寸（180±0.05）mm 的下端面对孔 $\phi180H7$ 的轴心线有较高的平行度要求，尺寸（180±0.05）mm 的测量困难，加工精度难以保证，因此设计工装的目的主要是为了保证加工工件的位置精度和尺寸精度，并且提高加工效率。而上述的位置精度和尺寸精度的设计基准均为孔 $\phi180H7$ 的轴心线，此轴心线并不以实体形式具体存在，而是以尺寸 $\phi180H7$ 的内圆柱面这一基面来体现。此内圆柱面即为此工件在铣床工序的工序基准，但此基准不便测量。为便于安装和测量，我们将工件的内孔 $\phi180H7$（在车床工序已加工好）安装在夹具体上设置的定位圆柱面上，即将此工序的工序基准和测量基准通过夹具体上设置的定位圆柱面来体现，使加工中的尺寸精度和位置精度通过夹具，间接地得到保证。

4.4.2.3　定位元件的设计

如图 4-21 所示，夹具体 1 的底面安装在数控铣床的工作台上，通过打百分表对基础件的基准面 B 面打表找正，使基础件的 B 面与铣床工作台的横向平行，要求平行度误差控制在 0.01mm/300mm，并以此面作为工件加工尺寸（180±0.05）mm 的辅助测量基准，即加工时可以以此面测量检查加工工件的尺寸精度保证情况，以及掌握刀具的磨损情况。轴承座 2 的内孔 $\phi180H7$ 安装在夹具体 1 上设置的定位圆柱面上，并且以轴承座上尺寸 126mm 右端面作为安装基准面，安放在图 4-21 中的 3 块调整块 11 上。调整块 11 事先经过精确的调整，保证 3 块调整块等高，并用内六角螺钉 12 紧固在夹具体 1 上。为防止工件在加工中绕 Z 轴旋转，即控制工件绕 Z 轴旋转的自由度，设计了调整螺钉 13。螺钉 13 一方面起到定位作用，另一方面起到辅助支撑的作用。为使工件在定位时实现心轴和轴承孔的间隙方向偏向加工平面一方，设计了压块 14。通过调节调整螺钉 13，实现压块 14 的松开和夹紧。

4.4.2.4　装夹元件的设计

为实现工装快速装夹、夹紧可靠、装拆方便，设计了吊装板 10 来快速装拆工件。工件的安装和拆卸均通过吊环螺钉 3 来实现，吊环螺钉连接在吊装板 10 上。拆卸时，由于心轴和轴承座内孔的配合长度较短，可以借助起重设备的力量，轻松将工件拆下。另外，为实现快速装夹，还设计了三角形夹紧架4。此夹紧架的夹紧位置正好位于调整块11的正上方，并通过圆柱销8与横杠18相连。横杠的左端用圆柱销与夹具体1相连，横杠连同三角形夹紧架可以绕此圆柱销转动。横杠的右端与一端固定在基础件上的双头螺栓6通过螺母5相连。夹紧时拧紧螺母5，就可以通过横杠及三角形夹紧架，将夹紧力传递至工件，将工件压紧在夹具体1上，从而实现工件的快速装夹。

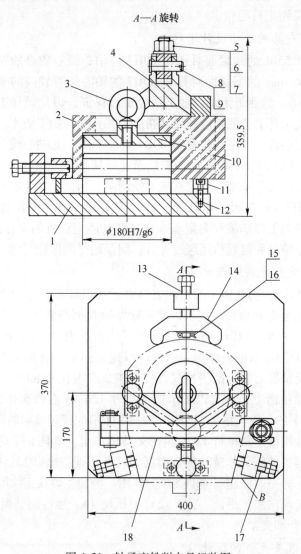

图 4-21 轴承座铣削夹具组装图

1—夹具体；2—轴承座；3—吊环螺钉；4—三角形夹紧架；5—螺母；6—双头螺栓；

7，15—垫圈；8—圆柱销；9，16—开口销；10—吊装板；11—调整块；

12—内六角螺钉；13—调整螺钉；14—压块；17—调节螺钉；18—横杠

4.4.2.5 定位误差分析

此工装属于心轴定位，其设计基准与定位基准重合，因此基准不重合误差 $\Delta_{JB}=0$，而基准位置误差

$$\Delta_{JW} = (T_D+T_d+X_{min})/2$$
$$= (0.04+0.025+0.014)/2$$
$$= 0.0395\text{mm}$$

式中　T_D——轴承孔的尺寸公差，mm；

　　　T_d——心轴的尺寸公差，mm；

　　　X_{min}——孔轴的最小间隙，mm。

心轴定位存在4种产生最大定位误差的极限情况，如图4-22所示。其中情况1和2对尺寸（180±0.05）mm的尺寸精度保证最为不利，产生的最大误差在±0.0395mm范围内，但未超出尺寸（180±0.05）mm的公差范围，可见，尺寸（180±0.05）mm的尺寸精度能得到保证。情况3和4对55H8相对于ϕ180H7孔的轴心线的对称度保证最为不利，产生的对称度误差最大为±0.0395mm，超出设计为0.04mm（即±0.02mm）的对称度误差范围。但在工件定位时，通过压块14的压紧作用，心轴和轴承孔的间隙方向偏向加工平面一方，实际定位情况为图4-22中的情况1，避免了情况3和情况4的产生，即定位误差为0.0395mm，方向为加工方向，理论上对对称度不产生影响。由于在安装时，是以轴承座上尺寸126mm的右端面为安装基准面，而此面与轴承座的内孔ϕ180H7是在车床工序中经同一次安装加工而成，因此可以保证尺寸20mm的上端面与孔ϕ180H7的轴心线的平行度要求。

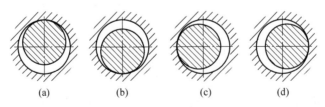

图4-22　心轴定位误差位置

（a）情况1；（b）情况2；（c）情况3；（d）情况4

综上所述，本工装的定位误差能有效地控制在允许范围，满足加工要求。

在设计上，本工装结构简单，且易于制作，装拆方便、快捷，能显著提高工件的加工效率，节约加工辅助时间，与数控卧式镗铣床的配合使用，效果更加明显，对同类工件的加工具有很好的借鉴价值。通过现场实际使用，本工装收到了良好的经济效益。

4.4.3　轴承盖铣床夹具设计案例

4.4.3.1　夹具设计简单分析

如图 4-23 所示轴承盖，其生产类型为中批生产，选用毛坯类型为 ϕ110mm×25mm 棒料，要求设计铣 R16mm 缺口工序专用铣床夹具。所用刀具为 ϕ32mm 立铣刀（W18Cr4V）。

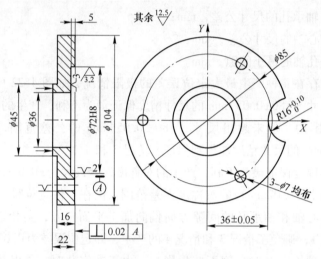

图 4-23　轴承盖

4.4.3.2　设计过程

（1）根据零件特点，按照工艺过程要求，确定工件定位夹紧方案，如图 4-23所示。在本设计方案中，工序尺寸为（36±0.05）mm、$R16^{+0.10}_{0}$mm，工序基准为孔的中心线。要满足加工要求理论应限制的自由度为 $\vec{X}$、$\hat{X}$、$\vec{Y}$、$\hat{Y}$ 和 $\hat{Z}$。根据工序基准选择 ϕ72mm 孔中心线及工件大端面为定位基准，确定内孔采用 ϕ72H8/g6 的孔轴配合定位，平面定位用工件大端面，防转用在 ϕ7mm 孔装菱形销（需确定两销结构尺寸）。通过一面两销定位，实际限制了工件的 $\vec{X}$、$\hat{X}$、$\vec{Y}$、$\hat{Y}$、$\vec{Z}$ 和 $\hat{Z}$ 六个自由度。对于 $R16^{+0.10}_{0}$mm 而言，因为是铣缺口加工，属定尺寸刀具加工，所以其由刀具保证。工序尺寸（36±0.05）mm、$R16^{+0.10}_{0}$mm 需进行定位误差核算。而对于圆弧槽中心线对两孔中心连线的对称性，由于其属于该零件未注尺寸系列，对称性要求不高，故在本方案设计中无需对其误差进行分析计算。

（2）布置导引元件。本道工序主要保证被加工圆弧槽在两销连线方向上的对称度，故采用一个侧装平面对刀块对刀。还需确定 $R16^{+0.10}_{0}$mm 的对刀尺寸、对刀误差。

（3）布置夹紧装置。根据总体结构设计，结合铣床夹具的特点，采用开口垫圈+螺母的快速夹紧装置。因工件刚性较好，夹紧产生的加工误差较小可忽略不计。

（4）布置连接元件。为保证被加工圆弧在两销连线方向上的对称性要求，铣床夹具底面布置两个标准 A 型定位键。定位键与机床工作台 T 形槽采用18H7/h6配合，保证夹具位置精度要求。在安装夹具时，尽量使两定位键同侧接触机床 T 形槽，减小夹具位置误差。还需进行夹具位置误差和精度误差计算。

（5）设计夹具体，完成夹具总装图。根据总体结构设计，结合各部分结构，选择结构合理的夹具体。

4.4.3.3　绘制夹具详细图样

如图 4-24 所示的夹具，是由夹具体 1、螺钉 2 和 6、圆柱销 3、螺母 4 和 9、定位键 5、菱形销 7、心轴 8、开口垫圈 10、平键 11 和对刀块 12 组成。心轴 8 安置在夹具体 1 上，通过其上设置的 $\phi 20g6$（见图 4-25）与夹具体 1 上设置的

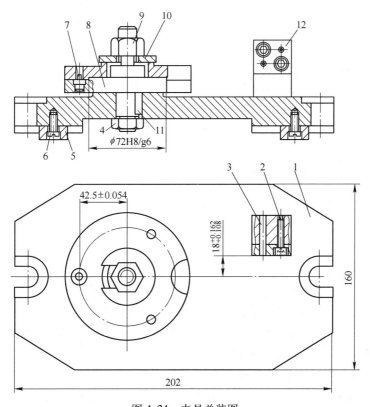

图 4-24　夹具总装图

1—夹具体；2，6—螺钉；3—圆柱销；4，9—螺母；5—定位键；

7—菱形销；8—心轴；10—开口垫圈；11—平键；12—对刀块

$\phi20H7$（$^{+0.021}_{0}$）形成间隙配合，并通过平键 11 和螺母 4 实现二者的圆周固连和轴向固连。工件安置在心轴上，通过心轴上设置的轴台 $\phi72g6$（见图 4-25）与工件上设置的圆形凹槽 $\phi72H8$（见图 4-23）形成间隙配合，菱形销 7 也设置在二者之间。对刀块 12 设置在夹具体 1 上，并采用螺钉 2 和圆柱销 3 与夹具体 1 实现固连。定位键 5 设置在夹具体 1 上设置的尺寸为 18H9 键槽（见图 4-26）内，并用螺钉 6 实现与夹具体 1 的固连。

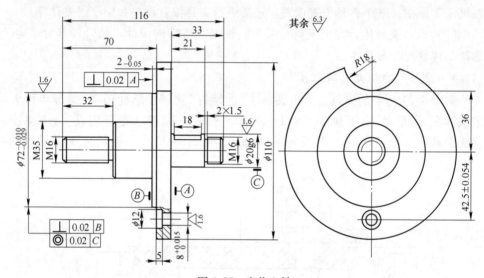

图 4-25　定位心轴

4.4.4　链轮加工铣床工装的设计案例

如图 4-27 所示链轮，技术要求其一个齿的中心线必须与键槽中心线对齐，对称度误差不大于 0.05mm，且属于小批量生产。链齿的位置度要求较高，如按传统工艺安排，应先铣链齿，然后经平台划线工序后安排在插床上加工键槽。但加工好的链齿齿面为曲面，这给平台划线和插床工序的找正带来难度，难以保证产品质量。为了解决这一加工难点，需改变传统工艺安排，并通过设计专用夹具实现加工要求。具体工艺编排和设计思路为：精车完链轮各部尺寸并平台划线后，先安排在插床上插削键槽达图要求，然后安排在数控铣床上铣削链齿，并通过设计专用铣床夹具来保证加工质量。

4.4.4.1　夹具的设计思路

考虑到在铣床上加工链齿时，如以键槽找正，由于键槽每边太短，定位找正困难且定位精度难以保证，因此设计如图 4-28 所示的心轴，使对链轮的键槽找正变成通过心轴 A 面的找正。由于心轴上 A 面尺寸较大，因此通过 A 面定位的精度较高，定位过程相对较容易。基于上述分析，设计了如图 4-29 所示的铣床夹具。

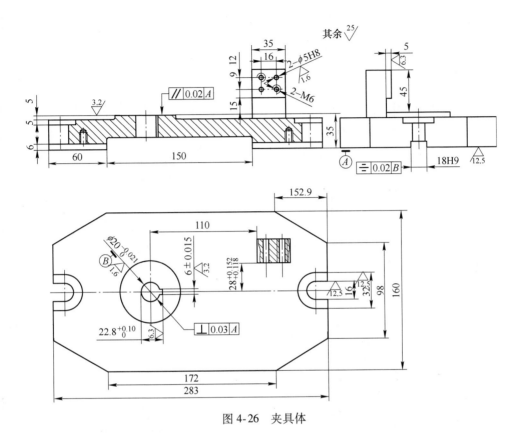

图 4-26 夹具体

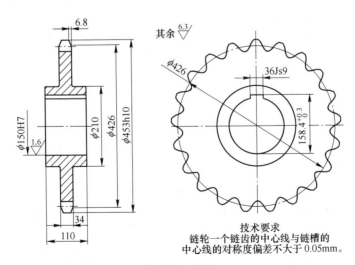

技术要求
链轮一个链齿的中心线与链槽的
中心线的对称度偏差不大于 0.05mm。

图 4-27 链轮

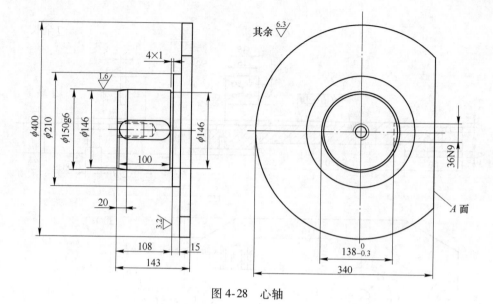

图 4-28　心轴

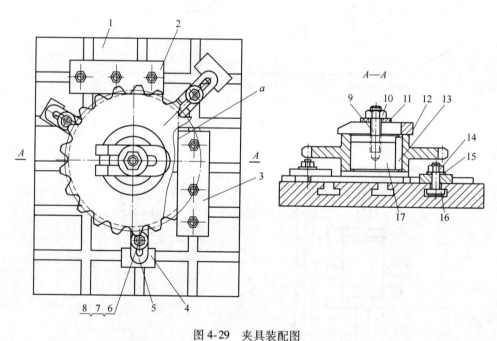

图 4-29　夹具装配图

1—基础板；2，3—定位挡板；4—垫块；5，12—压板；6，16—T 形螺栓；
7，10，14—螺母；8，11，15—垫圈；9—双头螺柱；13—平键；17—心轴

4.4.4.2　夹具的结构设计

图 4-29 所示的铣床夹具由基础板 1、定位挡板 2 和 3、垫块 4、压板 5 和 12、

T 形螺栓 6 和 16、螺母 7 和 10 和 14、垫圈 8 和 11 和 15、双头螺柱 9、平键 13 和心轴 17 组成。定位挡板 3 上的 a 边需与机床的 X 方向平行，要求在 a 边全长上平行度误差控制在 0.02mm。定位挡板 2 和 3 在铣床 X-Y 平面内呈 90° 布置，二者通过螺母 14、垫圈 15 和 T 形螺栓 16 与基础板 1 固连。心轴 17 安置在基础板 1 上，且其上设置的 A 面（见图 4-28）需与定位挡板 3 上设置的 a 边靠紧，ϕ400mm 外圆柱面需与定位挡板 2 的长边靠紧。心轴定位好后通过垫块 4、压板 5、T 形螺栓 6、螺母 7 和垫圈 8 与基础板 1 固连。工件通过其上设置的 ϕ150H7 内孔（见图 4-27）安置在心轴上设置的 ϕ150g6 的外圆柱面上，形成间隙配合，通过平键 13 与心轴形成圆周固连，通过双头螺柱 9、螺母 10、垫圈 11 和压板 12 与心轴形成轴向固连。

4.4.4.3 夹具的原理

如图 4-27~图 4-29 所示，将链轮上设置的 ϕ150H7 内孔安置在心轴上设置的 ϕ150g6 外圆柱面上，这属于长心轴定位，限制了链轮四个方向的自由度：$\vec{X}$、$\vec{Y}$、$\hat{X}$、$\hat{Y}$，而心轴上尺寸 108mm 右端面与链轮上的尺寸 110mm 的其中一端面接触，由于接触面较小，只限制了链轮的 $\vec{Z}$ 自由度，链轮与心轴通过键 13 相连接，限制了链轮 $\hat{Z}$ 自由度，可见链轮在心轴上的定位属于完全定位，二者通过双头螺柱 9、螺母 10、垫圈 11、压板 12 连接在一起形成组合体。

在基础板 1 上设置有定位挡板 2 和 3。定位挡板 2 和 3 通过螺母 14、垫圈 15、T 形螺栓 16 实现与基础板的固连，二者在 XY 平面内呈垂直布置。链轮和心轴组件安放在基础件 1 上，心轴上设置的尺寸 143mm 的右端底面放在基础件 1 安装平面上，限制心轴在 $\hat{X}$、$\hat{Y}$、$\vec{Z}$ 三个方向的自由度；心轴上设置的 A 面靠合定位挡板 3 的 a 基准面，这就限制了心轴在 $\vec{X}$ 和 $\hat{Z}$ 两个方向的自由度。心轴的 ϕ400mm 外圆面一母线靠住定位挡板 2 的长边，限制了心轴在 $\vec{Y}$ 方向的自由度。通过上述定位后，心轴可实现完全定位。

该夹具的安装过程中，需保证定位挡板 3 的基准面 a 与工作台 X 坐标方向平行，当心轴 A 面靠合定位挡板 3 的基础面 a 时，由于心轴上键槽与 A 面垂直，而心轴上键槽又与链轮上键槽通过键连接在一起，同时又由于心轴在加工时，通过工艺措施，很好地保证了键槽和基础 A 的垂直度，所以，此时链轮键槽中心线与机床工作台 X 坐标方向的垂直度要求可以得到保证。

在加工完一件工件后，将该工件连同心轴一起拆下，重新安装下一件工件，快速定位后，不必重新对刀，可直接以前一链轮的对刀点为准，直接调程序加工，这就大大接约了加工辅助时间。

4.4.4.4 心轴的加工工艺要求

该夹具的技术难点在于心轴的加工。心轴的加工工艺安排如下：在图 4-28

所示的心轴上，在 143mm 右端面留工艺夹头，使外圆面 ϕ400mm、ϕ150g6 和尺寸 108mm 的两端面在一次装夹中完成加工，这就使尺寸 108mm 右端面对 ϕ150g6 轴心线的垂直度主要由车床的几何精度来保证，其垂直度误差可以控制在 0.01mm 内。基面 A 的加工和键槽的加工安排在同一铣床工序的一次装夹中完成，同样键槽和基面 A 的垂直度主要由铣床的几何精度来保证，其垂直度误差可以实现控制在 0.01mm 内。

4.4.5　套筒加工铣床夹具设计案例

如图 4-30 所示的套筒，在其一端面上需加工两缺口。这两缺口具有较高的加工尺寸精度（$6^{+0.03}_{0}$mm）和位置精度（对中心线 A 的对称度和平行度分别为 0.05mm 和 0.1mm），为保证加工精度，提高加工效率，需设计铣床专用夹具。

4.4.5.1　夹具设计要求

所设计的铣床夹具要能实现快速装拆工件，并保证以此加工的键槽的尺寸精度和形位精度能得到保证。

4.4.5.2　夹具设计思路

该工件形状为圆筒形，且工件长径比不大，故在其端部加工键槽时，考虑安排在立式铣床上加工。利用其外圆柱面作为安装基面，设计双 V 形夹口，实现工件的自动对中和快速夹紧，参照笛卡儿坐标系，该双 V 形夹口可以限制工件的 4 个自由度（$\vec{X}$、$\vec{Y}$、$\hat{X}$、$\hat{Y}$）。利用工件上

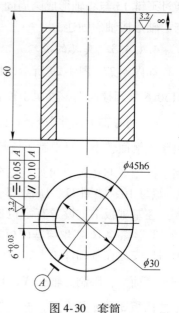

图 4-30　套筒

设置的尺寸 60mm 的下底面作为定位基准，可以限制工件在 Z 方向的移动自由度（$\vec{Z}$）。由于待加工的键槽正对工件轴心线，在 Z 方向的转动自由度（$\hat{Z}$）对定位的准确性没有影响，因此该自由度可以不用限制。

4.4.5.3　夹具的结构设计

加工键槽的铣床夹具的结构如图 4-31 所示。该夹具由夹具体 1、两个圆柱销轴 2、偏心轮支架 3、偏心轮 4、活动 V 形块 5、对刀块 6、固定 V 形块 7 和两个弹簧组成。固定 V 形块 7 设置在夹具体 1 上，并与之固连。两个圆柱销轴 2 设置并固连在固定 V 形块 7 上，作为导向杆。两个圆柱销轴 2 穿过活动 V 形块 5 上设置的孔，活动 V 形块 5 可以在这两个圆柱销轴 2 上直线滑动。工件设置在固定 V 形块 7 和活动 V 形块 5 之间。为实现工件的夹紧，设置有偏心夹紧机构，该偏心

夹紧机构由偏心轮支架 3 和偏心轮 4 组成。偏心轮设置在偏心轮支架上，偏心轮支架固连在夹具体 1 上。偏心轮上设置有手柄，当手工扳动偏心轮，可实现活动 V 形块 5 的前进和后退运动，从而实现对工件的夹紧和放松。弹簧 8 的作用是在工件松开时复位活动 V 形块 5。

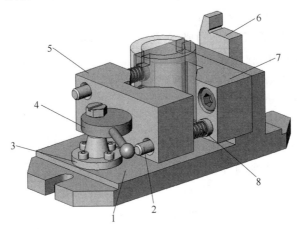

图 4-31 夹具的结构立体图

1—夹具体；2—圆柱销轴；3—偏心轮支架；4—偏心轮；
5—活动 V 形块；6—对刀块；7—固定 V 形块；8—弹簧

4.4.5.4 主要零件的结构设计

如图 4-32 所示的夹具体，在其下底板两端头分别设置有一个尺寸为 10mm

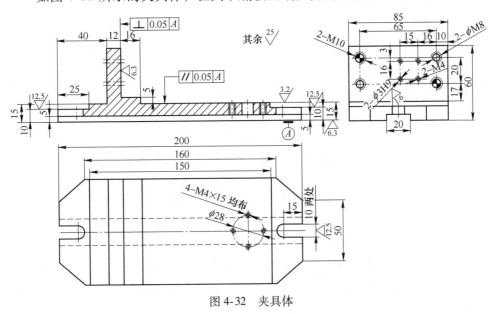

图 4-32 夹具体

的耳座, 用于与机床工作台的连接, 底板
上还设置有 4-M4 用于安装凸轮支架。由
于活动 V 形块在底板上表面滑动, 因此
尺寸 15mm 的上表面要求粗糙度 $R_a <$
$3.2\mu m$。夹具体的左端设置有一立板,
其上设置有 2-M10 和 2-M8 的螺纹孔,
用于安装固定 V 形块圆柱销轴。为保证
固定 V 形块的安装精度, 立板内侧面对
底面 A 有垂直度要求。

　　如图 4-33 的对刀块, 其上部设置有
两个对刀面: 一个是尺寸 20mm 的左端
面, 用于控制刀具在垂直于进给方向上
的尺寸精度; 另一个是尺寸 50mm 的上
端面, 用于控制刀具在 Z 方向的尺寸精
度。对刀块的下部还设置有与夹具体连
接的定位精孔 2-$\phi3^{+0.05}_{0}$mm 和把合孔
2-$\phi4$mm。

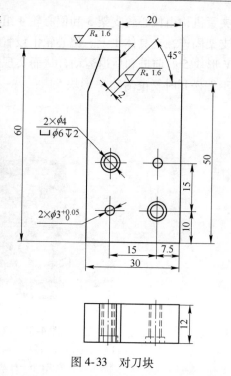

图 4-33　对刀块

4.4.6　开卷机四棱锥套铣削专用夹具设计案例

　　开卷机是金属板材校平工作中使用的专用设备之一。其作用之一是利用带钢
卷曲后形成的张力胀紧并打开钢卷, 另外一个显著作用是在自动控制下能实现带
钢的自动对中。开卷机上的关键零件四棱锥套如图 4-34 所示。工作时, 四个棱
上带斜度的燕尾槽与带相同斜度燕尾滑道的四块扇形板配合, 每块扇形板在尾端
通过一个径向滑道防止其轴向窜动, 当四棱锥套在液压缸及卷筒轴作用下轴向移
动时, 可以实现四块扇形板沿径向胀和缩, 以实现自动定心式的胀紧和松开。可
见四棱锥套的加工质量直接影响开卷机的使用性能。但四个斜面及其上的燕尾槽
的加工难度大, 因为它既要保证燕尾槽对孔心线的对称度要求, 又要保证四个棱
上燕尾槽的斜度的一致性, 即燕尾槽对孔心线的位置度要求较高。为获得较好的
相互位置精度, 该工件宜采用工序集中的加工方式。该工件外形轮廓各面的加工
安排在加工精度较高、加工质量同一性较好的铣削加工中心上进行。在铣削加工
时, 如水平放置工件, 斜面的加工需采用球刀或圆鼻刀进行加工, 加工效率太
低, 而加工斜面上的燕尾槽, 则难以实现。因此, 需通过设计专用夹具, 解决工
件的定位和夹紧, 以实现工件在加工中占据和保持正确的空间位置, 保证加工质
量和提高生产效率, 获得较大的经济效益。

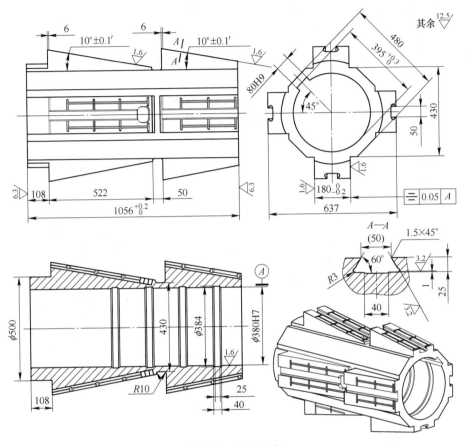

图 4-34　四棱锥套

4.4.6.1　工艺分析及夹具设计分析

该工件属于套类零件，呈多工位铣削加工形状，外形不规则，不便于装夹。可采用心轴装夹工件，该方式便于将工件支承起来，实现工件的旋转分度。但如果采用小锥度心轴装夹工件，工件的轴向位置难以准确控制，不便于对刀装置的设置，因此采用刚性心轴，并利用工件上的键槽 80H8 实现圆周定位。在铣削加工前，先安排车床工序，将内孔及其端面加工好，并完成尺寸 $\phi 500mm$ 外圆面及相应端面的加工。然后安排插床工序，将 80H8 的键槽加工到尺寸。

在铣削工序中，加工面总体分为两类：一类为平行于孔心线的加工面；另一类为与孔心线呈 10°或 80°交角的加工面。两类加工面分两次安装进行。

（1）第一次安装分两组加工：第一组加工平行于孔心线的尺寸 430mm 两端面、尺寸 $180_{-0.2}^{0}mm$ 两端面、尺寸 637mm 两端面，分 4 个工位完成；第二组加工尺寸 480mm 两端面，分 4 个工位完成。

（2）第二次安装加工 10°斜面及其上的燕尾槽、加工燕尾槽的退刀槽以及斜面上的油槽（燕尾槽斜面上的油槽不在该工序加工）。

　　第一次安装采用心轴定位，安装后使心轴轴心线与工作台面平行，夹具还应满足加工完一个工位的加工面后，工件能快速并准确旋转 45°，使下一加工部位进入正确的加工位置，并能快速夹紧工件。

　　第二次安装也采用心轴定位，安装后使心轴轴心线与工作台面成 10°的夹角，从而使加工的斜面平行于工作台面，与机床主轴垂直。

4.4.6.2　夹具的结构设计

　　图 4-35 所示为加工平行于孔心线的加工面的铣削夹具。其中基座 1 为夹具

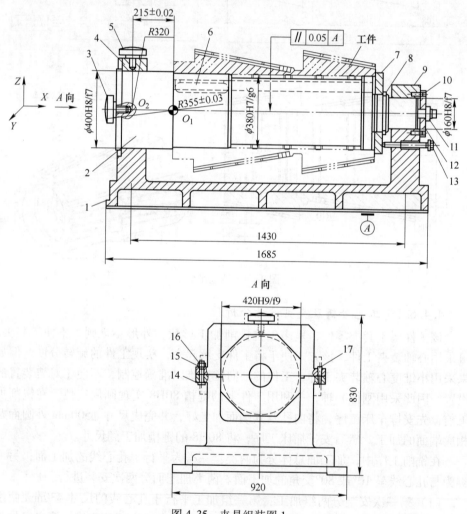

图 4-35　夹具组装图 1

1—基座；2—心轴；3，5—对刀块；4—上盖；6—平键；7—挡板；8，11—圆螺母；9—盖；
10—螺钉；12—盖板；13—顶出螺钉；14—螺栓；15—垫圈；16—螺母；17—锥销

的基础件。心轴 2 为夹具体，工件通过内圆柱面与心轴外圆柱面间隙配合实现刚性心轴定位方式。为防止工件在加工过程中转动，设置平键 6 来限制工件绕轴心线旋转的自由度。圆螺母 8 上的螺纹与心轴上的螺纹配合，推动挡板 7 将工件夹紧在心轴上。为实现工件的准确分度加工，考虑到工件在整个铣削加工中只需将圆周 8 等分，故将心轴大端设计成正八方形轴台（图 4-35 中 A 向视图所示）。心轴上的正八方形台阶与基座 1 和上盖 4 上的槽形成 420H9/f9 的配合，既可防止心轴（工件）在加工中偏转，又可快速实现准确分度。

在加工完一个方向的加工位置，需要分度定位并重新夹紧工件时，只需松开圆螺母 11，拧动顶出螺钉 13，将心轴连同工件一起往左推，使心轴上的八方形台阶脱离基座 1 和上盖 4 上的槽的约束，然后通过心轴小端设置的扳手位置，转动心轴大致 45°，然后将顶出螺钉 13 回退，拧动圆螺母 11 将心轴连同工件拉回到加工位置。

为便于心轴上正八方形台阶与基座 1 和上盖 4 上的槽进入配合位置，在正八方形台阶和槽的棱边上均进行小角度倒棱处理。对刀块 3 和 5 工作表面为球冠形。其中对刀块 3 的球冠的球心为 O_1 点，即工件的左端面中心点（编程时以 O_1 点为工件坐标系原点），半径尺寸为 (355 ± 0.03) mm，只要测出对刀块 3 的球冠在 X 方向顶点的机床坐标，便能算出 O_1 点在机床坐标系 X 方向的坐标值。同样，只要测出对刀块 5 的球冠在 Z 方向顶点的机床坐标值，便能算出 O_1 点在机床坐标系 Y 方向的坐标值。O_1 的机床坐标值对建立坐标系偏置是必需的。上述测定过程可以以一把基准刀完成，其余刀具的对刀以基准刀测定数值为基础进行半径和长度补偿。

图 4-36 所示为加工与孔心线呈 10°或 80°交角的加工面的铣削夹具。与图 4-35 相比，它只增加了序号 18~24 共 7 个零件，充分利用装夹 1 所使用的夹具。图 4-36 中的夹具主要作用是当 L 面安装在立式加工中心工作台上时，工件孔心线与工作台面之间形成 10°的交角，使待加工的 10°斜面平行于工作台面，如图 4-37 所示。另外采用螺钉 18 和 20 可使工件的 M 和 N 面快速靠在楔形基座的限位基面上。当工件旋转如图 4-37 安装后，编程原点 O_1 点的机床坐标系测定和刀具对刀存在困难，但在采用球冠形对刀块后，这一难题能得到很好的解决。由于采用了球冠形对刀块，在 X 方向，测出对刀块 3 的球冠顶点的机床坐标值，再加上尺寸 355mm，即为 O_1 点的 X 方向机床坐标值；测出对刀块 5 的球冠在 Z 方向顶点的机床坐标值，再减去尺寸 282.67mm，即为 O_1 点的 Z 方向机床坐标值。O_1 点 Y 方向机床坐标值测定较易，在此不述。上述测定过程可以以一把基准刀完成，其余刀具的对刀以基准刀测定数值为基础进行半径和长度补偿。

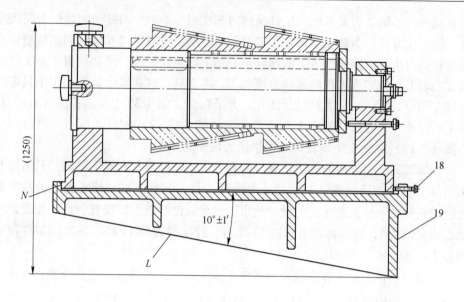

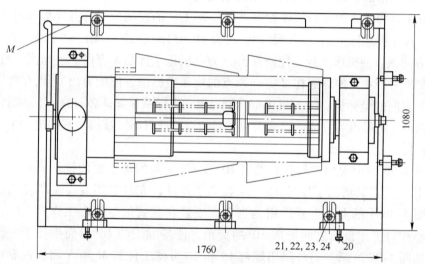

图 4-36   夹具组装图 2

18，20—对定螺钉；19—楔形基座；21~24—螺柱、螺母、垫圈、压板

4.4.6.3   技术经济分析

该夹具操作简单，使用方便快捷。由于加工类型属于单件生产，采用了手动分度和夹紧，夹具使用可靠。采用球冠形对刀块，使对刀和对工件原点的机床坐标值测定得以实现，解决了技术难题。由于该夹具将两次安装的夹具进行统一考虑，因此第一次安装使用的夹具可以重新用在第二次安装上，节约了夹具制造成

本。该专用夹具设计从加工工序设计出发，采用刚性心轴和楔形基座等零件配合，实现工件在加工机床上占据正确加工位置，避免采用球刀等低效率刀具，可以大大提高加工生产效率，有效保证加工质量。

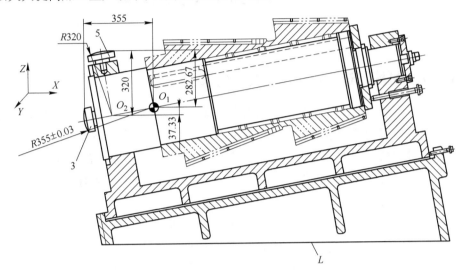

图 4-37　斜面加工夹具安装图

5 其他机床夹具设计

5.1 现代机械制造业对机床夹具的要求

随着科学技术的迅猛发展、市场需求的变化多端及商品竞争的日益激烈，机械产品更新换代的周期愈来愈短，小批量生产的产品比例愈来愈高，同时，对机械产品质量和精度的要求愈来愈高，数控机床和柔性制造系统的应用愈来愈广泛，机床夹具的计算机辅助设计（CAD）也日趋成熟。这一形势对机床夹具提出了一系列新的要求。

（1）推行机床夹具的标准化、系列化和通用化。提高机床夹具的"三化"程度，可以变机床夹具零部件的单件生产为专业化批量生产，可以提高机床夹具的质量和精度，大大缩短产品的生产周期和降低成本，使之适应现代制造业的需要，也有利于实现机床夹具的计算机辅助设计。

（2）发展可调夹具。在多品种小批量生产中，可调夹具有明显的优势。它可用于同一类型多种工件的加工，具有良好的通用性，可缩短生产周期，大大减少专用夹具数量，降低生产成本。在现代生产中，这类夹具正逐步被广泛应用。

（3）提高机床夹具的精度。对机械产品精度要求的提高及高精度机床和数控机床的使用，促进了高精度机床夹具的发展。如车床上精密卡盘的圆跳动在 $\phi(0.05\sim0.01)$mm范围内；采用高精度的球头顶尖加工轴，圆跳动可小于 $\phi1\mu m$；高精度端齿分度盘的分度精度可达±0.1″；孔系组合夹具基础板上孔距公差可达几个微米等。

（4）提高机床夹具高效化和自动化水平。为实现机械加工过程的自动化，在生产流水线、自动线上需配置随行夹具，在数控机床、加工中心等柔性制造系统中也需配置高效自动化夹具。这类夹具常装有自动上、下料机构及独立的自动夹紧单元，大大提高了工件装夹效率。

5.2 可调夹具设计

可调夹具分为通用可调夹具和成组夹具（也称专用可调夹具）两类。它们的共同特点是：只要更换或调整个别定位、夹紧或导向元件，即可用于多种零件的加工，从而使多种零件的单件小批生产变为一组零件在同一夹具上的"成批生产"。产品更新换代后，只要属于同一类型的零件，就可在此夹具上加工。由于可调夹具具有较强的适应性和良好的继承性，因此使用可调夹具可大量减少专用夹具的数量，缩短生产准备周期，降低成本。

5.2.1 通用可调夹具设计

通用可调夹具的加工对象较广，有时加工对象不确定。如滑柱式钻模，只要更换不同的定位、夹紧、导向元件，便可用于不同类型工件的钻孔；又如可更换钳口的台虎钳、可更换卡爪的卡盘等，均适用于不同类型工件的加工。

图 5-1 所示为在轴类零件上钻径向孔的通用可调夹具。该夹具可加工一定尺寸范围内的各种轴类工件上的 1~2 个径向孔，加工零件如图 5-2 所示。图 5-1 中夹具体 2 的上、下两面均设有 V 形槽，适用于不同直径工件的定位。支承钉板 KT1 上的可调支承钉用作工件的端面定位。夹具体的两个侧面都开有 T 形槽，通过 T 形螺栓 3、十字滑块 4，使可调钻模板 KT2、KT3 及压板座 KT4 做上、下、左、右调节。压板座上安装杠杆压板 1，用以夹紧工件。

5.2.2 成组夹具设计

成组夹具是成组工艺中为一组零件的某一工序而专门设计的夹具。

成组夹具加工的零件组应符合成组工艺的三相似原则，即工艺相似（加工工序及定位基准相似）、工艺特征相似（加工表面与定位基准的位置关系相似）和尺寸相似（组内零件均在同一尺寸范围内）。

图 5-3 所示为加工拨叉叉部圆弧面及其一端面的成组工艺零件组，它符合成组工艺三相似原则。图 5-4 所示为加工拨叉叉部圆弧面及其一端面的成组车床夹具，两件工件（拨叉叉部）同时加工。夹具体 1 上有四对定位套 2（定位孔为 ϕ16H7），可用来安装四种可换定位轴 KH1，用来加工四种中心距 L 不同的零件。若将可换定位轴安装在 C—C 剖面的 T 形槽内，则该夹具可用于加工中心距 L 在一定范围内变化的各种零件。可换垫套 KH2 及可换压板 KH3 按零件叉部的高度 H 选用更换，并固定在与两定位轴连线垂直的 T 形槽内，作防转定位及辅助夹紧用。

成组夹具的设计方法与专用夹具相似。首先确定一个"合成零件"，该零件能代表组内零件的主要特征，然后针对"合成零件"设计夹具，并根据组内零件加工范围，设计可调和可更换件。成组夹具应结构简单，并使调整方便、更换迅速。零件组的尺寸分段应与成组夹具的"多件批量"相适应，当"多件批量"太大时，可减小尺寸分段范围。由于成组夹具能形成批量生产，因此可以采用高效夹紧装置，如各种气动和液压装置。

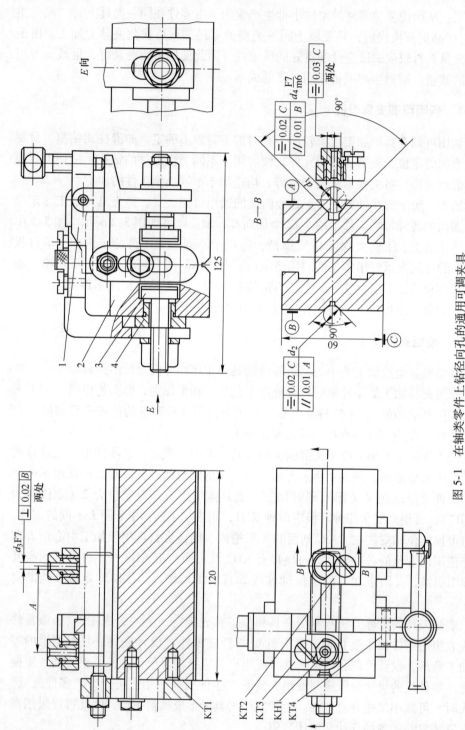

图 5-1　在轴类零件上钻径向孔的通用可调夹具

1—杠杆压板；2—夹具体；3—丁字形螺栓；4—十字滑块；KH1—快换钻套；KT1—支承钉板；KT2、KT3—可换钻模板；KT4—压板座

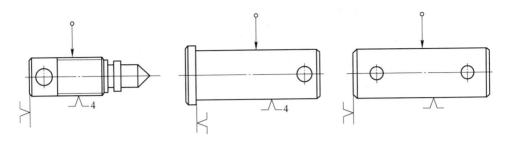

图 5-2 钻径向孔的轴类零件简图

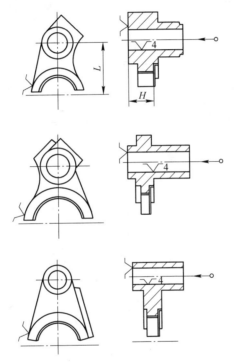

图 5-3 拨叉车圆弧及其端面零件组简图

5.3 组合夹具设计

组合夹具是机床夹具中标准化、通用化程度很高的一种新型工艺装备。它由一套预先制造好的不同几何形状、不同尺寸规格、有完全互换性和高耐磨性的标准元件及合件组成。

组合夹具在使用时可根据不同工件的加工要求,采用组合方式,把选择的标准元件和合件组装起来。使用完后,组合夹具可以拆散,清洗、油封后归档保存,待需要时再重新组装。因此,组合夹具是把专用夹具从"设计、制造、使

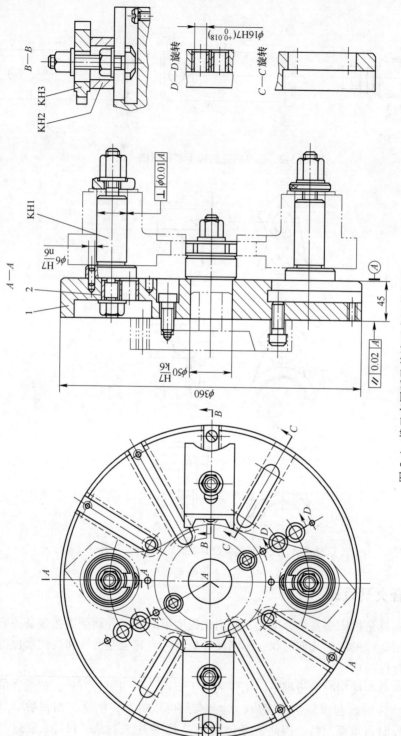

图 5-4　拨叉车圆弧及其端面成组车夹具

1—夹具体；2—定位套；KH1—可换定位轴；KH2—可换垫套；KH3—可换压板

用、报废"的单向过程改变为"设计、组装、使用、拆散、再组装、再使用……"的循环过程。组合夹具的元件的使用寿命一般为 15～20 年，所以选用得当，组合夹具可成为一种很经济的夹具。

5.3.1　组合夹具的特点

与专用夹具相比，组合夹具具有如下特点：

（1）万能性好，适用范围广。组合夹具装夹工件的外形尺寸范围为 200～600mm，工件形状的复杂程度可不受限制。

（2）可大幅度缩短生产准备周期。通常一套中等复杂程度的夹具，从设计到制造约需一个月时间，而组装一套同等复杂程度的组合夹具，仅需几个小时。在新产品试制过程中，组合夹具有明显的优越性。

（3）降低夹具的成本。由于组合夹具的元件可重复使用，而且没有（或极少有）机械加工问题，因此可节省夹具制造的材料、设备、资金，从而降低夹具制造成本。

（4）便于保存管理。组合夹具的元件可按用途编号存放，所占的库房面积为一定值。而专用夹具按产品保存，随着产品不断改型，夹具数量也就越来越多，若不及时处理，所占库房面积将随之扩大。

（5）刚性差。组合夹具外形尺寸较大，结构笨重，各元件配合及连接较多，因此刚性较差。

5.3.2　组合夹具的类型

组合夹具根据连接组装基面形状可分为槽系和孔系两大类。槽系组合夹具的组装基面为 T 形槽，夹具元件由键、螺栓等定位，紧固在 T 形槽内。根据 T 形槽的槽距、槽宽、螺栓直径，槽系组合夹具有大、中、小型三种系列，以适应不同尺寸的工件。孔系组合夹具的组装基面为圆形孔和螺孔，夹具元件的连接通常用两个圆柱销定位，螺钉紧固。根据孔径、孔距、螺钉直径，孔系组合夹具分为不同系列，以适应加工工件。

5.3.2.1　槽系组合夹具

图 5-5 所示为槽系组合夹具，此图展示了回转式钻模的组合与拆开分解。

槽系组合夹具的元件，按其用途可分为八类。

（1）基础件。基础件是组合夹具中最大的元件，是各类元件组装的基础，可作为夹具体，外形有圆形、方形、矩形、基础角铁等，如图 5-6 所示。方形、矩形基础件除了各面均有 T 形槽供组装其他元件用外，底面还有一条平行于侧面的槽，可安装定位键，以使夹具与机床连接有定位基准。圆形基础件连接面上的 T 形槽有 90°、60°、45°三种角度排列。中心部位有一基准圆柱孔和一个能与机

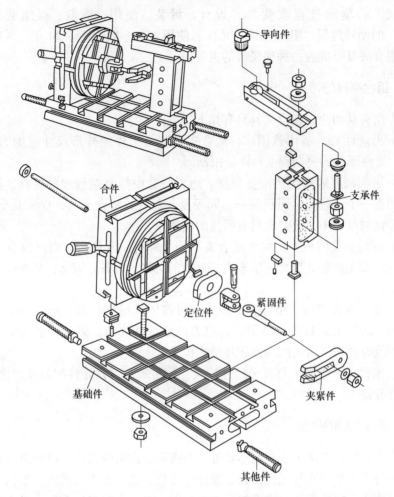

图 5-5 组合夹具组装与分解

床主轴法兰配合的定位止口。

（2）支承件。支承件是组合夹具中的骨架元件，起承上启下作用，即把其他元件通过支承件与基础件连接在一起，用于不同高度、角度的支承。它的形状和规格较多，图 5-7 所示的只是其中的几种结构。当组装小夹具时，支承件也可作为基础件。

（3）定位件。定位件主要用于确定组合元件之间的相对位置与工件的定位，并保证各元件的使用精度、组装强度和夹具的刚度。图 5-8 所示为几种定位件的结构。

（4）导向件。导向件主要用于确定刀具和工件的相对位置，并起引导刀具的作用，图 5-9 所示为几种规格的钻套、钻模板等。

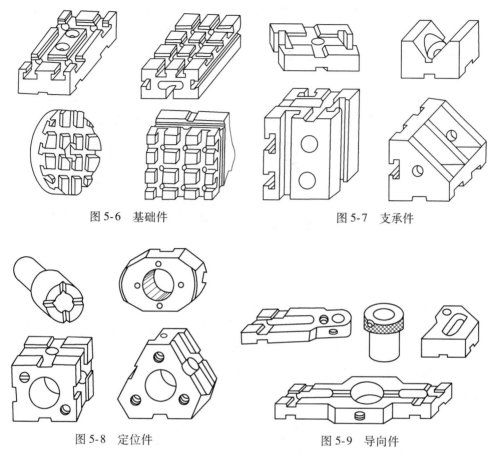

图 5-6 基础件   图 5-7 支承件

图 5-8 定位件   图 5-9 导向件

（5）夹紧件。夹紧件主要用于夹紧工件，如图 5-10 所示的各种结构的压板。

（6）紧固件。紧固件主要用于连接各元件及紧固工件。如图 5-11 所示，它包括各种螺母、垫圈、螺钉等。紧固件主要承受较高的拉应力。为保证夹具的刚性，螺栓采用 40Cr 材料的细牙螺纹。

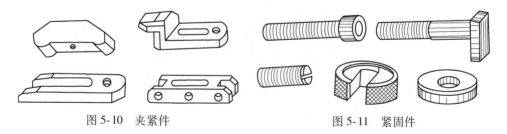

图 5-10 夹紧件   图 5-11 紧固件

（7）其他件。除上述六类元件以外，其他的各种起辅助用途的单一元件称为其他件，如图 5-12 所示的手柄、弹簧、平衡块等。

（8）合件。合件是由若干个零件装配而成的、在组装时不拆散使用的独立部件。合件主要有定位合件、支承合件、分度合件、导向合件等，如图 5-13 所示。合件能使组合夹具的组装更省时省力。

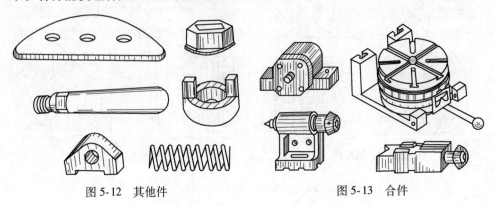

图 5-12　其他件　　　　　　　　　　图 5-13　合件

5.3.2.2　孔系组合夹具

孔系组合夹具元件的连接用两个圆柱销定位，一个螺钉紧固。它比槽系组合夹具有更高的组合精度和刚度，且结构紧凑。图 5-14 所示为我国制造的 KD 型孔系组合夹具。其定位孔径为 $\phi16H6$，孔距为 $50mm \pm 0.01mm$，定位销直径为 $\phi16K5$ 连接螺钉规格为 M16。在定位销和定位螺钉的联合作用下，定位元件实现与基础板的连接。

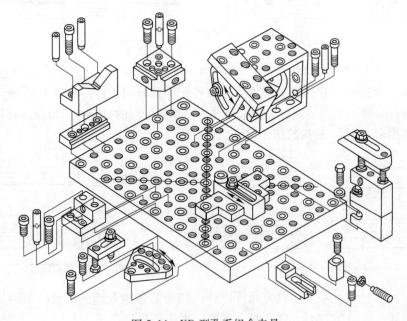

图 5-14　KD 型孔系组合夹具

5.3.3 槽系组合夹具的组装

按一定的步骤和要求，把组合夹具的元件和合件组装成加工所需的夹具的过程，称为组合夹具的组装。下面以实例说明组装过程。

（1）组装前的准备。熟悉工件图样和工艺规程，了解工件的形状、尺寸、加工要求以及使用的机床、刀具等。

图 5-15（a）所示为工件支承座的工序图。工件的 2-ϕ10H7 孔及平面 C 为已加工表面，本工序是在立式钻床上钻铰 ϕ20H7 孔，表面粗糙度值为 R_a0.8μm，保证孔距尺寸 75mm ± 0.2mm、55mm ± 0.1mm，孔轴线对 C 平面的平行度 0.05mm。

（2）确定组装方案。按照工件的定位原理和夹紧的基本要求，确定工件的定位基准和需限制的自由度，夹紧部位选择相应元件，初步确定夹具结构形式。根据支承座的工序图，按照定位基准与工序基准重合原则，可采用工件底面 C 和 2-ϕ10H7 为定位基准（一面二孔定位方式），以保证工序尺寸 75mm±0.2mm、55mm±0.1mm 及 ϕ20H7 孔轴线对平面的平行度公差 0.05mm 的要求；选择 D 平面为夹紧面，使夹紧可靠，避免加工孔处的变形。

（3）试装。试装是将前面设想的夹具结构方案，在各元件不完全紧固的条件下，先组装一下，对有些主要元件的精度如等高、垂直度等，预先进行挑选与测量。注意，此操作不能破坏元件本身的精度。试装目的是检验夹具结构方案的合理性，若不合理则对原方案进行修改和补充。

选用方形基础板及基础角铁作夹具体，为便于调整 2-ϕ10H7 孔的间距，将两定位用圆柱销及削边销分别装在兼作定位件的两块中孔钻模板上。按工件的孔距尺寸 75mm±0.2mm、55mm±0.1mm 组装导向件，在基础角铁 3 的 T 形槽上组装导向板 11，并选用 5mm 宽的腰形钻模板 10 安装其上，便于组装尺寸的调整。

（4）连接。经过试装验证的夹具方案，即可正式组装。首先应清除元件表面污物，装上所需定位键，然后按一定顺序将有关元件用螺栓、螺母连接。在连接时要注意组装的精度，正确选择测量基面，测定元件间的相关尺寸，尺寸公差调整在工件尺寸公差的 1/5～1/3。

对组合夹具的连接可按如下顺序进行：

1）组装基础板 1 和基础角铁 3（见图 5-15b）。在基础板上安装 T 形键 2，并从基础板的底部贯穿螺栓将基础角铁紧固。

2）在中孔钻模板上组装圆柱销 6，然后把中孔钻模板 4 用定位键 5 及紧固件装夹在基础角铁上（见图 5-15c）。

3）组装菱形销 9 及中孔钻模板 8（见图 5-15d）。精确调整中孔钻模板 8 的位置，使菱形销 9 与圆柱销 6 之间的距离控制在（100±0.02）mm 范围内，然后将中孔钻模板 8 紧固在基础角铁上。

4）组装导向件（见图 5-15e）。导向板 11 用定位键 12 定位装至基础角铁 3 上端，再在导向板 11 上装入 5mm 宽的腰形钻模板 10。在钻模板 10 的钻套孔中

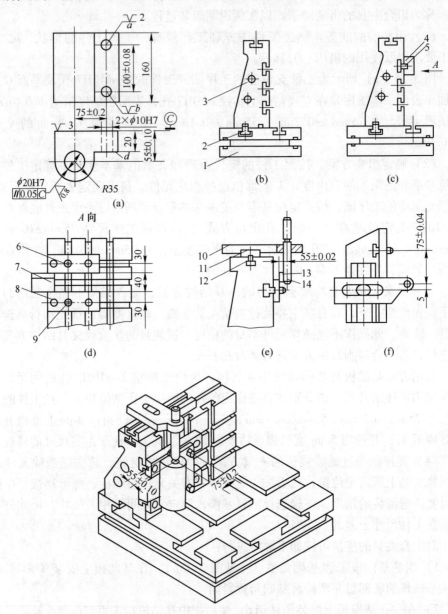

图 5-15　组装实例

1—基础板；2—T 形槽；3—基础角铁；4，8—中孔钻模板；5，12—定位键；6—圆柱销；
7，13—标准量块；9—菱形销；10—钻模板；11—导向板；14—量棒

插入量棒 14，借助标准量块及百分表调整中心距 55mm±0.02mm 及 75mm±0.04mm 达尺寸要求，调整好后将钻模板 10 固连在导向板 11 上。

5）夹紧工件。将工件安置在两中孔钻模板 8 上，并将工件上设置的 2-φ10H7 孔安置在中孔钻模板 8 上设置的菱形销 9 与圆柱销 6 上，然后将工件夹紧。

6）检测。检测组装后的夹具精度。可根据工件的工序尺寸精度要求确定检测项目。

组合夹具的精度由元件精度和组装精度两部分组成。组合夹具元件精度很高，配合面精度一般为 IT6～IT7，主要元件的平行度、垂直度公差为 0.01mm，槽距公差 0.02mm，工作表面粗糙度 $R_a 0.4\mu m$。为了提高组合夹具的精度，可以从提高组装精度考虑，利用元件互换法来提高精度或利用补偿法来提高精度。

5.4　数控机床夹具设计

由于控制方式的改变、传动形式的变化以及刀具材料的更新，数控机床使工件的成型运动变得更为方便和灵活。数控机床是一种高效、高精度的加工设备，它在成批大量生产时所用的夹具除了通用夹具、组合夹具外，还用一些专用夹具。在设计数控机床专用夹具时，除了应遵循夹具设计的原则外，还应注意以下特点。

（1）数控机床夹具应有利于实现加工工序的集中，即可使工件在一次装夹后，能进行多个表面的加工，减少工件的装夹次数，这有利于提高加工精度和效率。因为数控机床的工艺范围广，可实现自动换刀，具有刀具自动补偿功能。图 5-16 所示为压板按顺序松开和夹紧工件顶面，实现加工工件四个面的夹具方案。压板采用自动回转的液压夹紧组件，每个夹紧组件与液压系统控制的换向阀连接。当刀具沿周边依次加工每个面时，根据控制指令，被加工面上的压板可顺序自动松开工件并回转 90°，保证刀具通过。这时工件仍被其余压板压紧。当一个面加工完成后，压板重新转到工作位置再次压紧工件顶面，使切削按所编程序依次通过压板，保证连续加工完成工件的全部外形。

（2）数控机床夹具的夹紧应比普通机床夹具更牢固可靠，操作应方便，因为数控机床通常采用高速切削或强力切削，加工过程全自动化。通常采用机动夹紧装置，用液压或气压提供动力。如图 5-17 所示，工件安装在分度回转工作台上，进行多个表面加工。由于是强力切削，为防止在很大的切削力作用下工件窜动，先用螺钉 4 将工件压紧在分度回转工作台上，再用两个液压传动的压板 1 和 3 从上面压紧工件。两个压板的基座 6 安装在工作台不转动部分 7 上。当工件一个面加工完成后，根据程序指令，压板自动松开工件，分度回转工作台带着工件回转 90°后，压板再压紧工件，继续加工另一个面。

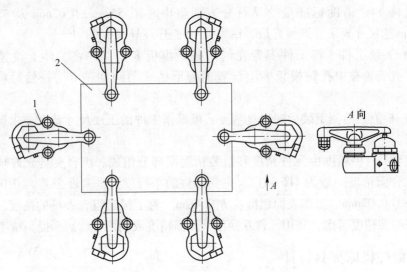

图 5-16　连续加工工件各表面的夹具

1—压板；2—工件

（3）夹具上应具有工件坐标原点及对刀点。数控机床有自己的机床坐标系，工件的位置尺寸是靠机床自动获得、确定和保证的。夹具的作用是把工件精确地安装入机床坐标系中，保证工件在机床坐标系中的确定位置。所以，必须建立夹具（工件）坐标系与机床坐标系的联系点。图 5-18 所示为钻床夹具钻模板上工件的坐标系，一般以其零件图上的设计基准作为工件原点。为简化夹具在机床上装夹，夹具的每个定位基面相对于机床的坐标原点都应存精确的、一定的坐标尺寸关系，以确定刀具相对于工件坐标系和机床坐标系之间的关联。对刀点可选在工件的孔中心，或在夹具上设置专用对刀装置。

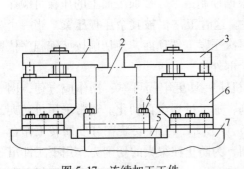

图 5-17　连续加工工件

四个侧面的夹具

1，3—压板；2—工件；4—螺钉；

5—分度回转台；6—压板基座；7—工作台

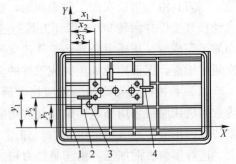

图 5-18　工件在机床工作台

上的坐标系

1—机床工作台零点；2—定位块；

3—工件原点；4—支承件及压板

（4）各类数控机床夹具在设计时，还应考虑自身的加工工艺特点，注意结构合理性。

数控车床夹具应更注意夹紧力的可靠性及夹具的平衡。图5-19所示为数控车床液动三爪自定心夹具。为了保证夹紧可靠，利用平衡块3在主轴高速旋转的所产生离心力作用下，通过杠杆2给卡爪4一个附加夹紧力。卡爪4的夹紧与松开，则通过液压力作用在楔槽轴1上，使楔槽轴1左右运动，从而带动卡爪相对于主轴轴心线做径向移动，实现工件的夹紧与松开。夹具的平衡对数控车床夹具尤为重要，平衡不好，会引起工件振动，影响加工精度。

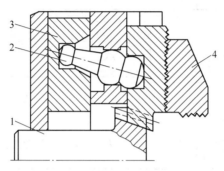

图5-19 液动三爪自动定心卡盘
1—楔槽轴；2—杠杆；3—平衡块；4—卡爪

数控铣床夹具通常可不设置对刀装置，由夹具坐标系原点与机床坐标系原点建立联系，通过对刀点的程序编制采用试切法加工、刀具补偿功能或机外对刀仪来保证工件与刀具的正确位置，位置精度由机床运动精度保证。数控铣床通常采用通用夹具装夹工件，例如机床用平口虎钳、回转工作台等，对大型工件，常采用液压、气压作为夹紧动力源。

数控钻床夹具，一般可不用钻模，而是在加工方法、选用刀具形式及工件装夹方式上采取一些措施，保证孔的位置和加工精度。

随着技术的发展，数控机床夹具的柔性化程度也在不断提高。图5-20所示为数控铣镗床夹具。夹具主要由四个定位夹紧件构成。其中三个定位夹紧件可通过数控指令控制其移动并确定坐标位置。当数控装置发出脉冲信号启动步进电动机8时，可通过丝杠5将运动传至大滑板3，使大滑板3做Y向的坐标位置调整。大滑板上装有定位夹紧元件2可满足Y向工件定位夹紧的变动。定位夹紧元件1、6装在小滑板4上，由步进电动机9收到信号后，经齿轮、丝杠传动做X方向的坐标位置调整。这种柔性夹具可适合工件的不同尺寸、不同形状的定位夹紧，同时在装夹后，就可以确定工件相对刀具或机床的位置，并比较方便地把工件坐标位置编入程序中。

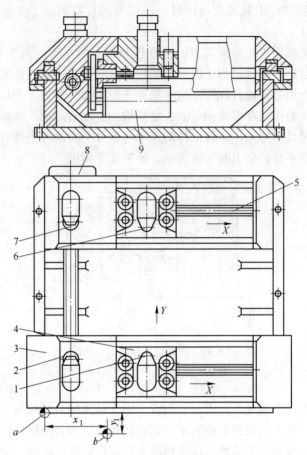

图 5-20　数控铣镗床夹具

1，2，6，7—定位夹紧元件；3—大滑板；4—小滑板；

5—丝杠；8，9—步进电动机

6 大型工艺装备设计案例

6.1 手动气动两用虎钳设计

机用虎钳是机床加工时用于夹紧加工工件的一种机械装置。它由钳体、底座、导螺母、丝杠、钳口体等组成。使用时，用扳手转动丝杠，通过丝杠螺母带动活动钳身移动，形成对工件的夹紧与松开。该类虎钳由于采用手动操作，通过人力提供动力，因此操作人员劳动强度大。目前市面上出现了以此为基础、改进的以气压、液压、电力或上述某两种方式联合作为动力源的机用虎钳。其主要改进点在于使工人劳动强度得到降低或装夹便利性得到提高。但这类机用虎钳大都存在夹紧行程范围较小、调整不便的缺点，不适应在单件小批量生产中加工对象结构形状频繁变换或尺寸规格变化较大的工况。针对上述不足，设计了本手动气动两用虎钳。

6.1.1 设计内容

本设计的目的是提供一种手动气动两用虎钳。该虎钳采用气动夹紧，夹紧行程较大，便于夹紧尺寸调整，易于实现夹紧过程自动化；具有可靠的手动夹紧功能；通用性好，装夹便捷，且结构简单，制造容易。

6.1.2 手动气动两用虎钳的结构

如图 6-1~图 6-4 所示，本设计是由底座 1、活动钳口体 2、第一挡板 3、圆螺母 4、丝杠 5、第一压板 6、滑块 7、活动夹板 8、固定夹板 9、第一对定键 10、底板 11、接头 12、第二挡板 13、第二对定键 14、连杆 15、第二压板 16、摇杆 17、弹簧 18、活塞 19、防尘封板 20、第一销轴 21、第二销轴 22 和第三销轴 23 组成。

固定夹板 9 安置在底座 1 上设置的第一平面 101 上。防尘封板 20 安置在底座 1 上设置的第二平面 102 上。第一压板 6 和第二压板 16 安置在底座 1 上设置的第三平面 103 上。第一对定键 10 安置在底座 1 上设置的第一键槽 107 内。第二对定键 14 安置在底座 1 上设置的第二键槽 1010 内。接头 12 安置在底座 1 上设置的螺纹孔 106 内。活塞 19 装入底座 1 上设置的气缸孔 108 内，活塞 19 上设置的外圆柱 193 装入并穿过底座 1 上设置的内孔 109。弹簧 18 安置在活塞 19 上设置的圆孔 192 内。底板 11 上设置的圆柱 111 插入弹簧 18 内。底板 11 安置在底座 1

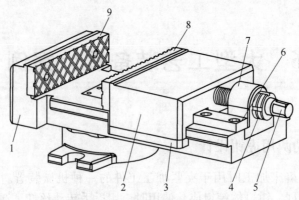

图 6-1　手动气动两用虎钳立体图

1—底座；2—活动钳口体；3—第一挡板；4—圆螺母；5—丝杠；
6—第一压板；7—滑块；8—活动夹板；9—固定夹板

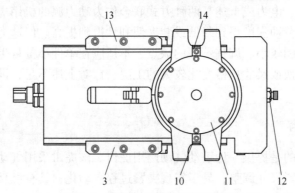

图 6-2　手动气动两用虎钳仰视图

3—第一挡板；10—第一对定键；11—底板；12—接头；13—第二挡板；14—第二对定键

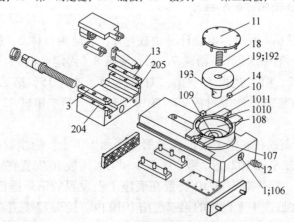

图 6-3　手动气动两用虎钳俯侧视向立体分解图

1—底座；3—第一挡板；10—第一对定键；11—底板；12—接头；
13—第二挡板；14—第二对定键；18—弹簧；19—活塞

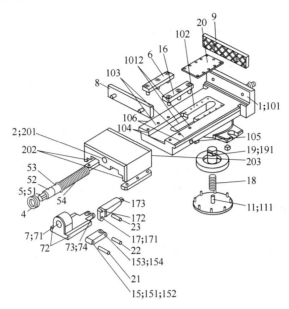

图 6-4 手动气动两用虎钳仰侧视向立体分解图

1—底座；2—活动钳口体；4—圆螺母；5—丝杠；6—第一压板；7—滑块；8—活动夹板；
9—固定夹板；11—底板；15—连杆；16—第二压板；17—摇杆；18—弹簧；19—活塞；
20—防尘封板；21—第一销轴；22—第二销轴；23—第三销轴

上设置的沉孔 1011 内，并与底座 1 固连。

第一挡板 3 和第二挡板 13 分别安置在活动钳口体 2 上设置的第一平面 204 和第二平面 205 上，并与其固连。活动钳口体 2 上设置的两内矩形导轨 202 与底座 1 上设置的两外矩形导轨 106 形成滑动配合。滑块 7 上设置的第一圆孔 71 安置于丝杠 5 上设置的轴颈 53 上。两圆螺母 4 安置在丝杠 5 上设置的细牙螺纹 52 上。丝杠 5 上设置有四方扳手空间 51 和外矩形螺纹 54。外矩形螺纹 54 与活动钳口体 2 上设置的矩形螺纹孔 201 形成螺旋配合。滑块 7 上设置的两外矩形导轨 72 与底座 1 上设置的两内矩形导轨 104 形成滑动配合。活动夹板 8 安置于活动钳口体 2 上设置的侧立面 203 上，并与其固连。

连杆 15 上设置的单耳板 151 装入底座 1 上设置的两内立面 1012 内，并通过第一销轴 21 插入底座 1 上设置的销孔 105 和连杆 15 上设置的第一圆孔 152，实现连杆 15 和底座 1 的铰接。摇杆 17 上设置的第一圆孔 171 两端面装入连杆 15 上设置的双耳板 153 内，并通过第二销轴 22 插入连杆 15 上设置的第二圆孔 154 和摇杆 17 上设置的第一圆孔 171，实现连杆 15 和摇杆 17 的铰接。摇杆 17 上设置的第二圆孔 172 两端面装入滑块 7 上设置的双耳板 73 内，并通过第三销轴 23 插入滑块 7 上设置的第二圆孔 74 和摇杆 17 上设置的第二圆孔 172，实现滑块 7 和摇杆 17 的铰接。摇杆 17 上设置的舌头 173 插入活塞 19 上设置的半封闭矩形槽 191 内。

6.1.3　手动气动两用虎钳的工作过程和原理

活塞的上端设有半封闭矩形槽，其间安装有摇杆前端的舌头。而摇杆上配有第三销轴和第二销轴。第三销轴将摇杆与滑块铰接在一起，第二销轴将摇杆与连杆铰接在一起，连杆通过其上的第一销轴与底座连接在一起。由于滑块被约束在底座的矩形轨道中，只能水平运动，因此当气缸上腔通入压缩空气，活塞在气压的作用下向下移动时，摇杆上端的第三销轴表现为围绕下端第二销轴的旋转和自身向固定钳口方向的平动的复合运动，从而带动滑块向固定钳口方向运动。而滑块与丝杠用圆螺母实现轴向固定，且丝杠上的矩形螺纹又与活动钳口体上的矩形螺纹孔实现螺旋配合，于是滑块便能带动丝杠和活动钳体向固定钳口的方向运动，从而实现对工件的夹紧动作。

当需要松开工件时，气压系统断开压缩空气，并连通大气，活塞便在回位弹簧的作用下向上移动。由于滑块被约束在底座的矩形轨道中，只能水平运动，因此当活塞在弹簧力作用下向上运动时，摇杆上端的第三销轴表现为围绕下端第二销轴的旋转和自身远离固定钳口方向的平动的复合运动，从而带动滑块向背离固定钳口方向运动。而滑块与丝杠用圆螺母实现轴向固定，且丝杠上的矩形螺纹又与活动钳口体上的矩形螺纹孔实现螺旋配合，于是滑块便能带动丝杠和活动钳口体向背离固定钳口的方向运动，从而实现对工件的松开动作。

当需要手动调整活动钳口体位置或手动夹紧工件时，可通过拧动丝杠实现。由于活动钳口体的内矩形导轨与底座的外矩形导轨配合，因此活动钳口体只能沿底座导轨做水平运动。又由于丝杠的外矩形螺纹与活动钳体矩形螺纹孔配合，丝杠后端设置的轴颈与滑块上设置的内孔配合，并用圆螺母作轴向固定，因此当丝杠旋转时，在底座外矩形导轨的约束下，活动钳体实现前后运动，从而完成调整活动钳口体位置的动作，也即实现手动夹紧和松开工件。

6.1.4　手动气动两用虎钳的有益效果

（1）采用气动夹紧，夹紧行程较大，便于夹紧尺寸调整，易于实现夹紧过程自动化。

（2）具有可靠的手动夹紧功能。

（3）通用性好，装夹便捷，且结构简单，制造容易。

6.2　多功能机用平口钳设计

6.2.1　设计内容

目前，公知的机用平口钳，装夹工件种类较为单一，或夹紧行程范围较小，装夹工件过程耗时耗力，经济性较差，不适应单件小批量生产中需根据加工对象频繁更换夹具的工况。本设计的目的就是提供一种可实现快速装夹且可夹持多种工件的机加工多功能夹具。通过使用本设计能够实现装夹板类零件、轴类零件及盘套类零件；能显著减少夹具的装拆工作量，降低夹具的设计制造成本，降低加工工件的工艺成本。

6.2.2 多功能机用平口钳的结构

如图 6-5~图 6-10 所示，本设计由两个对定键 1、底座 2、两个轴承盖 3、右旋钳口体 4、两个网纹平口夹板 5、丝杠 6、左旋钳口体 7、两个水平轴夹板 8、两个 V 形夹板 9、两个双 V 形夹板 10 组成。

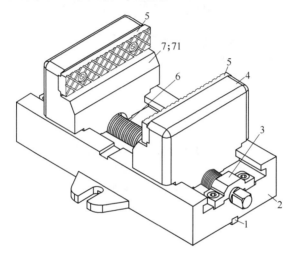

图 6-5 多功能机用平口钳立体图

1—对定键；2—底座；3—轴承盖；4—右旋钳口体；5—网纹平口夹板；
6—丝杠；7—左旋钳口体

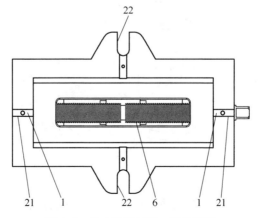

图 6-6 多功能机用平口钳仰视图

1—对定键；6—丝杠

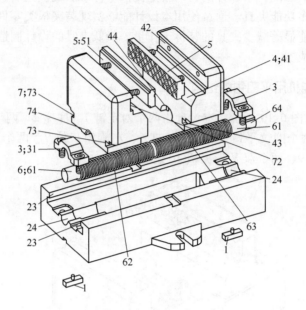

图 6-7 多功能机用平口钳立体分解图

1—对定键；3—轴承盖；4—右旋钳口体；5—网纹平口夹板；
6—丝杠；7—左旋钳口体

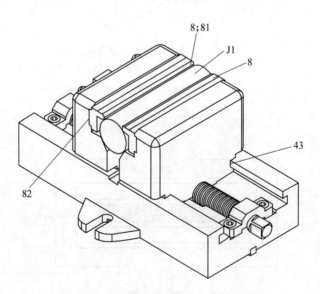

图 6-8 多功能机用平口钳夹持水平轴立体图

8—平轴夹板

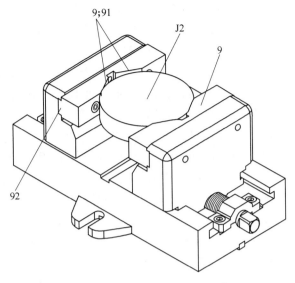

图 6-9　V 形夹板夹持圆盘 J2 立体图

9—V 形夹板

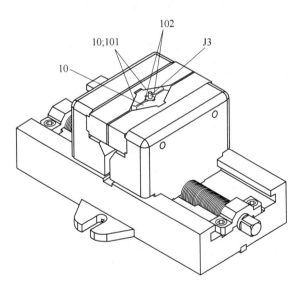

图 6-10　双 V 形夹板夹持立轴 J3 立体图

10—双 V 形夹板

　　底座 2 设有两个键槽 21、两个半封闭把合孔 22、两个外矩形导轨 23、两个半轴承孔 24。轴承盖 3 设有半轴承孔 31。右旋钳口体 4 设有斜面 41、矩形凹槽 42、两个内矩形导轨 43 和半右旋螺纹孔 44。网纹平口夹板 5 设有矩形凸台 51。丝杠 6 设有两个轴颈 61、左旋螺纹 62、右旋螺纹 63 和四方扁头 64；左旋钳口体

7 设有斜面 71、矩形凹槽 72、两个内矩形导轨 73 和半左旋螺纹孔 74。水平轴夹板 8 设有圆弧夹头 81 和矩形凸台 82。V 形夹板 9 设有 V 形槽 91 和矩形凸台 92。双 V 形夹板 10 设有 V 形面 101、V 形槽 102。

两个对定键 1 分别安装在底座 2 的两个键槽 21 内。右旋钳口体 4 和左旋钳口体 7 对称设置于底座 2 上，使右旋钳口体 4 斜面 41 和左旋钳口体斜面 71 形成 V 形槽。右旋钳口体 4 的两个内矩形导轨 43 分别安装在底座 2 的两个外矩形导轨 23 上，形成滑动副。左旋钳口体 7 的两个内矩形导轨 73 分别安装在底座 2 的两个外矩形导轨 23 上，形成滑动副。两个轴承盖 3 半轴承孔 31 分别与底座 2 的两个半轴承孔 24 合拢并固连为两个整轴承孔。丝杠 6 上的两个轴颈 61 安置在这两个整轴承孔中，形成转动副。丝杠 6 上的右旋螺纹 63 与右旋钳口体 4 半右旋螺纹孔 44 安装在一起，形成螺旋副。丝杠 6 上的左旋螺纹 62 与左旋钳口体 7 半左旋螺纹孔 74 安装在一起，形成螺旋副。两个网纹平口夹板 5 的矩形凸台 51 分别固连在右旋钳口体 4 矩形凹槽 42 和左旋钳口体 7 矩形凹槽 72 内。

两个水平轴夹板 8 上的矩形凸台 82 分别固连于右旋钳口体 4 矩形凹槽 42 和左旋钳口体 7 矩形凹槽 72 内。

两个 V 形夹板 9 上的矩形凸台 92 分别固连于右旋钳口体 4 矩形凹槽 42 和左旋钳口体 7 矩形凹槽 72 内。

两个双 V 形夹板 10 的 V 形面分别固连于两个 V 形夹板 9 的 V 形槽 91 内。

6.2.3　多功能机用平口钳的工作过程和原理

本设计实现对工件快速夹紧或松开，且兼具有定心夹紧功能。丝杠两端设置有左旋螺纹和右旋螺纹，分别与左旋钳口体上的半左旋螺纹孔和右旋钳口体上的半右旋螺纹孔形成配合。丝杠在轴向上由两端的轴承盖固定，当用扳手拧动丝杠旋转时，由于丝杠两边左旋和右旋螺纹螺距相同，因此装在其上两边的左、右钳口体同时等速向中间靠拢或向两边分开，从而实现将工件夹紧或松开。

本设计采用网纹平口夹板时，主要用于装夹平板类零件。由于左、右旋钳口体均可以实现移动，且丝杠转动一周，两钳口体相向靠拢或分开的距离为两倍螺距，因此夹紧效率明显高于传统机用平口钳，且钳口体纵向运动范围较大，可夹持工件的尺寸范围较大。

本设计利用水平轴夹板对水平安装的轴类零件进行装夹。图 6-8 所示为水平轴夹板圆弧夹头处于上位时夹持水平轴 J1 的立体图。水平轴夹板的夹紧点处于上位，可实现较大直径的水平轴类零件的夹紧。夹紧时利用左、右旋钳口体上的斜面作为定位支撑面，并在轴夹板的左、右夹紧点的联合作用下，形成与双 V 形块对中夹紧等效的夹紧效果。本设计不但夹紧快捷，而且有自定心作用。如将图 6-8 中水平轴夹板旋转 180° 安装，夹持点便处于下位，主要用于装夹直径较小的轴。在利用水平轴夹板夹紧工件时，需要使轴夹板上的夹紧点位置高于轴的轴心线，否则夹紧无效。

本设计采用 V 形面可以非常快捷地对短轴类或盘类零件进行装夹，且装夹具有自动定心作用，定位过程准确、方便。采用 V 形夹板，主要用于较大直径的圆盘类零件的装夹，如图 6-9 所示。而对于直径较小的零件，需在 V 形夹板上嵌入安装尺寸较小的双 V 形夹板才能实现装夹要求，如图 6-10 所示。

6.2.4 多功能机用平口钳的有益效果

（1）能够装夹板类零件、轴类零件及盘套类零件。

（2）能显著减少夹具的装拆工作量，降低夹具的设计制造成本，降低加工工件的工艺成本。

（3）通用性高，装夹便捷，结构简单，制造容易。

6.3 扩大锥度加工范围的挂轮装置设计

在普通立车（如 C534J）上加工高度较高、锥度较大的圆锥体零件，如图 6-11 所示的小钟，由于受立车刀杆最大行程限制，加工要求难以实现。针对这一问题，可通过设备技术改造来提升机床的加工能力，为此设计了一套挂轮装置。该挂轮装置的设计思路为：在不影响机床原有性能及设备

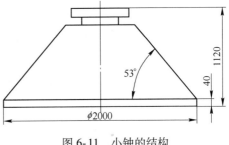

图 6-11 小钟的结构

改动小的前提下，在立式车床左进给箱两手动进给调整轴头上安装一套挂轮，通过该挂轮装置实现车刀相对于工件在轴向和径向进给运动的联动，从而实现刀具沿斜面进给，加工出所需的锥面；加工锥度的大小调整，可以通过挂轮的齿数比的调整来实现；为方便操作，设置有电磁离合器来实现挂轮装置的通断。该挂轮装置可以解决高度较高、锥度较大的圆锥面加工问题，同时也扩大了机床加工能力。

如图 6-12 所示，该装置是由固定支架 1、调整支架 2、电刷 3、电磁离合器定盘 4、电磁离合器动盘 5、齿轮 6/11/12/19/24/25/30、圆螺母 7/13/15/20/21/26、两个挡圈 8、传动轴 9/28、键 10/29、推力轴承 14/23/33/36、中间轴 16/22、轴套 17/31/32/35、三个隔套 18、挡圈 27 和挂轮架 34 组成。传动轴 9 直接与机床刀架的水平进给机构相连，而传动轴 28 与机床刀架的竖直进给机构相连。为了加工锥度，在传动轴 9 和传动轴 28 两悬伸轴端上安装一套挂轮，将水平进给机构和竖直进给机构用齿轮机构连接起来，实现机床垂直进给机构和水平进给

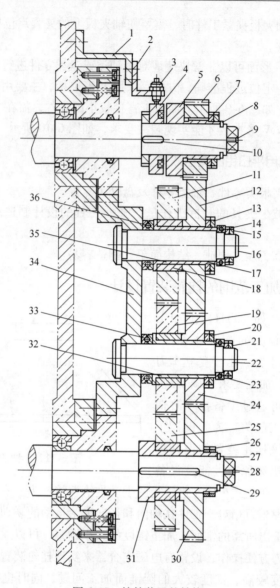

图 6-12　挂轮装置的结构

1—固定支架；2—调整支架；3—电刷；4—电磁离合器定盘；5—电磁离合器动盘；

6，11，12，19，24，25，30—齿轮；7，13，15，20，21，26—圆螺母；

8，27—挡圈；9，28—传动轴；10，29—键；14，23，33，36—推力轴承；

16，22—中间轴；17，31，32，35—轴套；18—隔套；34—挂轮架

机构的联动。但考虑到加工工件时，一旦安装上挂轮，刀架只能按挂轮决定的锥度方向进给，这给对刀和其他工步的加工带来麻烦，即需在对刀和其他工步进行前拆下挂轮，造成反复进行挂轮操作。显然这样的操作既浪费工时，又浪费人

力。为解决这一问题，在挂轮传动链的输入端安装上电磁离合器来控制挂轮装置的通断。当电磁离合器通电时，刀架在垂直和水平方向联动；当电磁离合器断电时，刀架在垂直或水平方向独立进给运动以及快速移动。

固定支架 1 固连在机床进给箱外侧壁上，调整支架 2 与固定支架 1 固连在一起，在调整支架 2 上安置有电磁离合器元件电刷 3。电磁离合器定盘 4 通过键 10 与传动轴 9 实现圆周固连。电磁离合器动盘 5 空套在传动轴 9 上，其上设置有齿轮 6，二者通过花键实现圆周固连，通过圆螺母 7 实现轴向固连。挡圈 8 设置在传动轴 9 上，限制电磁离合器动盘 5 的轴向位置。中间轴 16 和中间轴 22 均设置在挂轮架 34 上，如图 6-13 所示，中间轴 16 和中间轴 22 可以分别在挂轮架上设置的滑槽一和滑槽二中滑动，以调节传动轴 9、中间轴 16、中间轴 22、传动轴 28 之间的距离。中间轴 16 上设置有齿轮 11/12、圆螺母 13/15、推力轴承 14/36、轴套 17 和隔套 18。当齿轮 11 位置为空位时，安置隔套 18，轴套 17 空套在中间轴 16 上，其左端和右端分别设置有推力轴承 36 和 14，通过圆螺母 13 将中间轴 16 上设置的齿轮轴向固定，通过圆螺母 15 将轴套 17 轴向固定。中间轴 22 上设置有齿轮 19/24、圆螺母 20/21、推力轴承 23/33 和轴套 32，当齿轮 19 位置为空位时，安置隔套 18，轴套 32 空套在中间轴 22 上，其左端和右端分别设置有推力轴承 33 和 23，通过圆螺母 20 将中间轴 22 上设置的齿轮轴向固定，通过圆螺母 21 将轴套 35 轴向固定。在传动轴 28 上设置有齿轮 25/30、圆螺母 26、挡圈 27、键 29 和轴套 31，轴套 31 通过键 29 与传动轴 28 实现圆周固连，并用挡圈 27 实现轴向定位，齿轮 25 和 30 安置在轴套 31 上，并用圆螺母 26 实现与轴套 31 的轴向固定，当齿轮 25 或 30 位置为空位时，安置隔套 18。

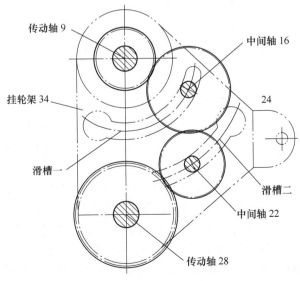

图 6-13　中间轴的安置

该挂轮装置可以实现一级齿轮变速，如图 6-12 所示，其啮合传动链为：齿轮 6—齿轮 12—齿轮 24—啮合齿轮 30，中间的齿轮 12 和 24 为中介轮，不改变传动比的大小，实际传动比为：$i = Z_{30}/Z_6$；当啮合传动路线为：齿轮 6—齿轮 12—齿轮 11—齿轮 19—啮合齿轮 25，可实现二级齿轮变速，其传动比为 $i = Z_{12}Z_{25}/(Z_6Z_{11})$，其中齿轮 19 为中介轮；当啮合传动路线为：齿轮 6—齿轮 12—齿轮 11—啮合齿轮 19—啮合齿轮 24—齿轮 30，可实现三级齿轮变速，其传动比为 $i = Z_{12}Z_{19}Z_{30}/(Z_6Z_{11}Z_{24})$。从上述分析可知，该挂轮装置的传动比调整范围大，可以很好地满足加工工件锥度变化范围较大的要求，理论上锥度加工范围可以由原来的 0~90° 扩大到 0~180°，加工锥度精确度可达 0.1°，解决了普通立车大锥度无法加工的技术难题。

6.4　大模数齿轮倒角机设计

对于大模数齿轮的倒角，用传统的齿轮倒角机无法满足其倒角要求，而人工倒角的效果不好，尤其是中、大批量的生产，如采用手工生产，不但劳动强度大，而且质量差、生产效率低下，不能满足生产的需要。因此我们研制了这一大模数齿轮倒角机。

6.4.1　传动系统原理分析

此大模数齿轮倒角机与传统倒角机不一样，传统倒角机的指状铣刀的轴线垂直于齿轮轴线，而此倒角机的指状铣刀轴线与齿轮轴线平行，铣刀沿齿槽在端面的轮廓线运动，从而铣出正确的倒角。如图 6-14 所示，只要调整铣刀的上下位置和铣刀对齿廓的偏置距离 A，就能控制倒角 C 的大小。因此，使铣刀沿齿廓具有正确的运动轨迹是设计的关

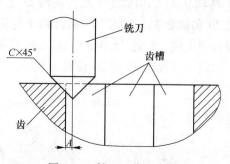

图 6-14　铣刀工作示意图

键。本设计的基本思路是：通过两凸轮联合控制铣刀的运动轨迹，其中一个凸轮控制 X 方向，另一个凸轮控制 Y 方向，使铣刀的运动轨迹近似于齿槽轮廓线，从而完成倒角工作。

如图 6-15 所示，进给电机 M1 通过轴Ⅰ、轴Ⅱ、轴Ⅲ、轴Ⅳ将运动传给轴Ⅴ。轴Ⅴ上安装有 4 个凸轮，4 个凸轮具有相互关联的位置关系。凸轮 1、凸轮 2 为直动滚子从动件槽形凸轮，它们联合控制铣刀的运动轨迹，其中凸轮 1 通过将运动传给 X 方向的丝杠来控制 X 方向的运动，凸轮 2 通过将运动传给 Y 方向的丝杠来控制 Y 方向的运动。凸轮 3 为直动滚子从动件盘形凸轮，它控制工作台分齿运动：凸轮 3 通过推杆使离合器 f 啮合，接通了离合器 f 两端的两对锥齿轮，

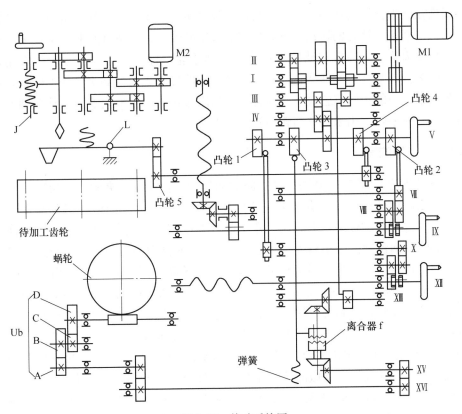

图6-15 传动系统图

从而将运动从轴Ⅲ经轴ⅩⅢ传递给轴ⅩⅤ，轴ⅩⅤ经一对直齿轮再传给轴ⅩⅥ，轴ⅩⅥ再经挂轮组 Ub 将运动传给蜗杆-蜗轮副，带动待加工齿轮转动。在三角形牙嵌式离合器 f 啮合过程中，凸轮3转过 $\pi/8$ 后，在弹簧作用下，离合器分离。在这一时间内，离合器 f 正好转半转，而由蜗轮带动的分度工作台正好完成一个齿的分度运动，则分齿传动计算公式为：

$$1/2 \times i_{Ub} \times 2/90 = 1/Z$$

式中　　2/90——蜗轮、蜗杆传动比；

　　　　i_{Ub}——挂轮组 Ub 的传动比；

　　　　Z——待加工齿轮齿数。

则　　　　　　　　　　　　$i_{Ub} = 90/Z$

因此通过调整挂轮组 Ub，就能分出正确的齿来。凸轮4为直动滚子从动件槽形盘状凸轮，用于控制齿轮的定位夹紧工作。凸轮4通过齿条将运动传给凸轮5，凸轮5控制杠杆 L 的动作。在铣齿完毕、分齿开始前，凸轮5压动杠杆 L，使杠杆前端压紧爪脱离齿轮齿部。分齿完毕后，凸轮5释放杠杆 L，杠杆 L 前端的夹紧爪在强力弹簧的作用下，压在齿轮的齿槽中，夹紧齿轮，使其定位，为铣齿工作做好准备。铣刀的转动由电动机 M2 单独提供动力，铣刀的上下位置可以通过丝杠 J 调整。在轴 IX 和轴 XII 的右边装有两手轮。加工开始前，必须将手轮推进，使离合器啮合，这样凸轮才能将运动传出给控制 X 方向和 Y 方向的丝杠；当需要调整铣刀的初始位置时，必须将手轮拉出，转动手轮来调整。另外在轴 V 的右边也有一手轮，用来调整凸轮的初始位置。

6.4.2　凸轮的设计

由于凸轮 1~凸轮 4 分别控制不同的动作，要使铣削、夹紧、分齿能顺利进行，那么四个凸轮必须具有相互关联的位置关系，因此我们将它们都装在轴 V 上，并以键槽的位置关系来保证。另外为使铣刀切削刃中部进入切削，必须使铣刀中心线偏离齿廓一个距离 A（见图 6-14），并使铣刀中心线的运动轨迹正好是齿廓向外进行偏置距离 A 后形成的曲线。凸轮转动一周，正好完成两齿的加工。当凸轮转过 π 时，正好完成一个齿轮的加工。如图 6-16 所示，在 $0~\pi/2$ 段，凸轮 1 和凸轮 2 联合控制铣刀的运动轨迹，完成一个齿的倒角加工；而凸轮 3 和凸轮 4 等径转动，对它们的执行机构不产生动作。在 $\pi/2~5\pi/8$ 段，凸轮 1~凸轮 3 均等径转动，对其执行机构不产生动作，凸轮 4 对其执行机构发生动作，使夹紧机构松开，为分齿运动做准备。在 $5\pi/8~7\pi/8$ 段，凸轮 1、凸轮 2、凸轮 4 均等径转动，对其执行机构不产生动作，凸轮 3 对其执行机构发生动作，分齿运动进行。在 $7\pi/8~\pi$ 段，凸轮 4 动作，使夹紧机构夹紧加工齿轮，为铣齿做准备。同样，在 $\pi~3\pi/2$ 段，铣刀沿相反方向完成铣齿工序；在 $3\pi/2~2\pi$ 段，凸轮完成分齿及夹紧工序，为下一循环做准备。

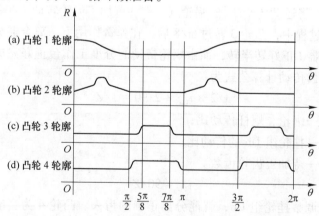

图 6-16　轴 V 上四个凸轮在一个周期的相互位置曲线
(a) 凸轮 1 轮廓变化曲线；(b) 凸轮 2 轮廓变化曲线；
(c) 凸轮 3 轮廓变化曲线；(d) 凸轮 4 轮廓变化曲线

6.4.3 大模数齿轮倒角机的优点

此大模数齿轮倒角机一改传统倒角机只能倒小模数齿轮的缺点，具有倒角规整、生产效率高等优点，对于同模数，且齿轮齿数在一定范围内变化的齿轮，在误差允许情况下可使用同一对 X 方向和 Y 方向的控制凸轮。此设备尤其适用于中、大批量生产，具有较高的经济价值。

6.5 大型高炉用旋塞阀研具设计

在高炉冶炼系统的机械垂直探料设备中，旋塞阀是一种通过关闭件（塞子）绕塞体中心线旋转来达到开启和关闭的阀门。它由于结构简单、开闭迅速（塞子旋转 1/4 圈就能完成开闭动作）、操作方便、流体阻力小，至今在高炉上仍广泛使用。旋塞阀的塞子和塞体是一个配合很好的圆锥体，其锥度为 $1：6$，密封性能完全取决于塞子和塞体之间吻合度的好坏。为使二者达到较好的密合效果，在制造时需对塞子和塞体进行研磨。但此密封阀尺寸较大，塞子直径尺寸达到 500mm，用手工研磨，不但劳动强度大，而且生产效率低下，密合质量不理想。为解决此问题，故设计此大型旋塞阀研磨专用研具。

6.5.1 设计原理

对于互研的塞体和塞子，要想使它们之间的研磨剂产生切削、刮擦和挤压作用，产生研磨效果，需使互研的塞体和塞子之间产生相对的旋转运动，并在研磨面之间施加一定的压力，来提高塞体和塞子间的相互挤压及由此产生的研磨切削的效率。

6.5.2 大型高炉用旋塞阀研具的结构

如图 6-17 所示，减速电动机 5 为塞子 11 的旋转提供动力，使其绕塞体中心线旋转，而塞体 12 由夹爪 14 固定在基座上。当电动机动作时，通过中间连接轴 6 和 7 将动力传给塞子在塞体与塞子之间便产生相互的旋转运动，从而使研磨剂在塞体与塞子之间进行研磨切削。为了提高研磨效率，必须在塞体和塞子之间施加相互的挤压力。考虑到压力空气在工厂较易获得，不需要专门的动力系统，所以采用如图 6-17 中的压紧气缸 4 来提供源动力。气缸带动下面的杠杆 16 动作。杠杆的左端铰接在横梁筋板 3 上，杠杆的右端作用在球面垫圈 9 上，球面垫圈压在推力轴承 10 上，而推力轴承又压在连接轴 7 上（连接轴 7 的上端为矩形花键，可以与连接轴 6 产生相互的上下运动）。这样，气缸的动力就能传递给塞子，塞子压在塞体上，二者之间产生相互挤压力。为便于检查研磨效果和安装、拆卸工件，将电动机旋转组件和气缸挤压组件均安装在横梁 3 上。横梁可以升降和旋

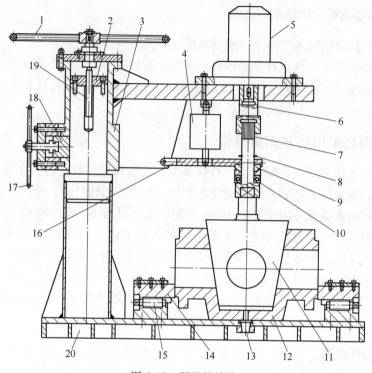

图 6-17　研具的结构

1—升降手轮；2—升降螺母；3—横梁；4—压紧气缸；5—电动机；6—连接轴；
7—花键连接轴；8—弹簧卡圈；9—球面垫圈；10—推力轴承；11—塞子；12—塞体；
13—定位锥轴；14—夹爪；15—螺杆；16—杠杆；17—夹紧手轮；
18—夹紧块；19—升降螺杆；20—基座

转，并且在工作位置可以实现夹紧。其中升降运动是通过人工转动手轮 1 来实现的。手轮 1 转动带动升降螺杆 19 和升降螺母 2 产生相对运动，由于升降螺母 2 固定在底座的立柱上，静止不动，从而升降螺杆 19 带动横梁实现升降运动。横梁 3 的内孔与立柱的配合面是间隙配合，可以形成相互的旋转动作，这一过程需人工来完成。另外，旋转夹紧手轮 17，通过一对丝杠丝母副带动夹紧块 18，对立柱进行压紧或松开，而立柱固定不动，从而使横梁能够实现夹紧和松开动作。为防止连接轴 7 在横梁升降过程中下滑，设计了弹簧卡圈 8 进行限位。球面垫圈 9 起到均衡塞子圆周挤压力的作用。

6.5.3　气缸控制系统设计

为提高研磨生产效率，需增加研磨压力，但压力在超过 0.3MPa 时，反而使生产率有下降趋势。所以在粗研磨时气缸工作压力应选取较大值，而在精研磨时

应取较小值。为此，设计了如图 6-18 所示
的压力控制回路，以实现在粗研磨和精研磨
时压力的变化要求。此压力控制回路能满足
半自动研磨的要求。当气缸需要动作时，手
工将截止阀 4 打开，使压力空气进入气缸左
腔，从而推动活塞杆带动图 6-17 中的杠杆
工作。为控制气缸的工作气压，在回路中接
入了溢流阀 5。通过调节溢流阀弹簧的弹力
大小，可以控制回路空气压力的大小，进而
控制粗研磨和精研磨所需的研磨压力。为便
于直观地掌握回路的调定压力，接入压力表

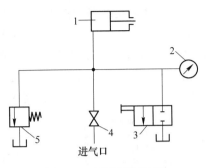

图 6-18 压力控制系统
1—气缸；2—压力表；3—手动二位二通
换向阀；4—截止阀；5—溢流阀

2 来显示回路的压力值。另外，在研磨停止后，为使气缸快速卸荷，在回路中接
入了手动二位二通换向阀 3。当气缸工作时，此阀的右腔作用，其处于关断状
态。当气缸需要卸载时，在人工作用下，截止阀 4 关断，二位二通换向阀的左腔
作用，使气缸左腔的压力空气快速排出。

6.5.4　大型高炉用旋塞阀研具的优点

此研磨工装结构简单，工作可靠。它由气缸提供研磨压紧力，由压力控制回
路中的溢流阀调定压力，从而获得粗、精研磨所需的不同压紧力，具有较高的生
产效率。整个研磨动力系统可以通过手工作用绕立柱旋转，便于工件的拆卸和检
查。另外，通过更换连接轴和改变接口尺寸，此研磨工装可加工一系列大直径的
锥面密封阀、球面密封阀，具有很好的通用性和实用性。

6.6　花纹轧辊扁豆形槽自动加工机床设计

花纹轧辊轧制防滑钢板的专用轧辊是轧钢生产上的耗损件。它的辊身上交错
排列着 102 排，每排 36 个，共计 3672 个扁豆形槽。扁豆形槽的加工，工步多，
工位多，难度大，用传统加工方法，生产效率低下。为此，设计一台自动加工专
用机床来提高生产效率。

6.6.1　机械结构设计

辊身上的扁豆形槽成有序排列，即相邻两排成交错状，相隔一排在辊身上成
整齐排列，如图 6-19 所示。因此，对每排而言，可采取多刀加工和多工位自动
加工；对相隔一排而言，属于多工步加工，可通过旋转轧辊在圆周方向定位，从
而实现多工步的加工。

为使轧辊在圆周方向占据不同的、正确的加工位置，即在圆周方向占据不同

工步，设计电动机 M3 作为动力，使轧辊旋转，设计一定位撞块圈 f 固定在轧辊轴端，定位撞块圈上均布 51 个撞块。当轧辊旋转压下杠杆 h 进而压下 ST7 后，延时反靠 ST8，电动机 M3 停止，制动器动作，轧辊夹紧机构（图中未示）动作，使轧辊进入下一工步位置。由于定位圈上撞块为均布，因此每一撞块压下杠杆 h 并反靠压下 ST8，就占据了圆周 51 个工步中的一个，从而实现了圆周旋转定位。

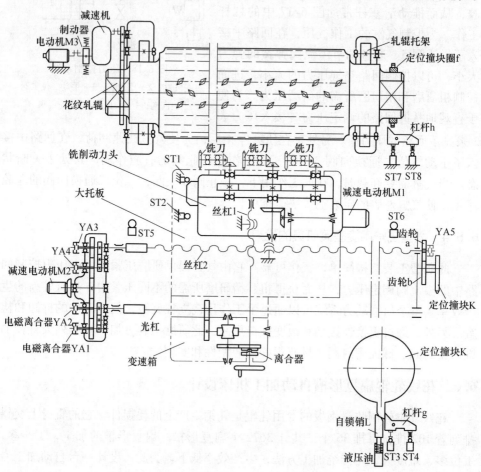

图 6-19　传动系统

为了在一个工步中，使铣刀占据不同工位，从而能加工出一排扁豆槽，设计由减速电动机 M2 提供动力，通过电磁离合器 YA1、YA2 及光杠将运动传给变速箱，变速箱再将运动传给丝杠 1，丝杠 1 推动铣削动力头做横向铣削工进或后退，通过 YA3、YA4 将运动传给丝杠 2，丝杠 2 带动整个大托板（动力铣头安装在大托板上）做纵向运动。当铣刀工进，铣削完一组槽并后退到位后，铣削头纵向运动使铣刀占据另一工位。这一过程是通过丝杠 2 右端的齿轮 a 和 b 带动定位撞块

K，使撞块 K 压下 ST3，延时后反靠压下 ST4 来实现定位的，并在自锁销 L 作用下锁紧，所以齿轮 a 和 b 的传动比为：

$$i_{ba} = \frac{kx}{\lambda}$$

式中 k——同时工作铣刀数；

x——槽的纵向间距；

λ——丝杠 2 的导程。

当丝杠转动 i_{ba} 转时，齿轮 b 正好转动一圈，此时，动力铣头正好运动到下一工位，因此齿轮 a 和 b 的传动比就控制了动力铣头的纵向定位。这样，通过有序安排动力铣头的纵向和横向运动，就能实现一排槽的自动加工。

6.6.2 电气系统设计

用常规电气元件设计了如图 6-20 所示的电气系统。在调整好轧辊和铣刀在起点的位置后，使定位撞块 K 反靠压下限位开关 ST4，按下常开按钮 SB17，使 YA5 得电自锁，进而使定位撞块 K 与丝杠一起同步旋转，为动力铣头的纵向定位创造条件。调整定位撞块圈 f，使其反靠压下限位开关 ST8，然后依次压下按钮 SB18、SB20、SB1、SB3、SB10，系统就进入自动循环控制。

（1）动力铣头工进到位。在做好上述准备工作并压下常闭按钮 SB10 后，接通继电器 YA1，将减速电动机 M2 的运动通过中间传动机构传给丝杠 1，丝杠 1 使动力铣头工进。当压下限位开关 ST1 时，延时继电器 KT1 和中间继电器 K1 得电自锁。延时继电器 KT1 动断触点动作，使继电器 YA1 断电，铣头工进到位。中间继电器 K1 动断触点使自锁销电磁阀继电器 YA9 断电，自锁销释放定位撞块 K，为后续动作做准备。

（2）动力铣头延时后退到位。延时继电器 KT1 延时动合触点动作使继电器 YA2 得电，丝杠 1 反向旋转，带动动力铣头快速后退。当压下限位开关 ST2 时，中间继电器 K2 得电自锁，K2 动断触点使 YA2 断电，后退到位。

（3）大托板带动铣头纵向向左运动。中间继电器 K1、K2 的动合触点闭合，使继电器 YA8 得电，大托板夹紧机构松开，并进而使继电器 YA3 得电自锁。YA3 接通动力，使丝杠 2 带动大托板向左快速运动，到压下 ST3 时，延时继电器 KT2 得电自锁，同时 K1、K2 断电，K3 得电自锁。

（4）纵向到位并反靠定位。延时继电器 KT2 延时动断触点动作，断开继电器 YA3，KT2 动合触点使继电器 YA4 得电，丝杠 2 反转，大托板向右运动。当丝杠 2 通过挂轮 a、b 和定位撞块 K 压下限位开关 ST4 时，KT2 断电，中间继电器 K4 得电，YA4 断电，向右反靠运动到位并停止，K4 动断触点使 YA8 断电，大托板常闭夹紧机构动作，完成大托板的夹紧。K3、K4 动合触点动作，使 YA1 得电

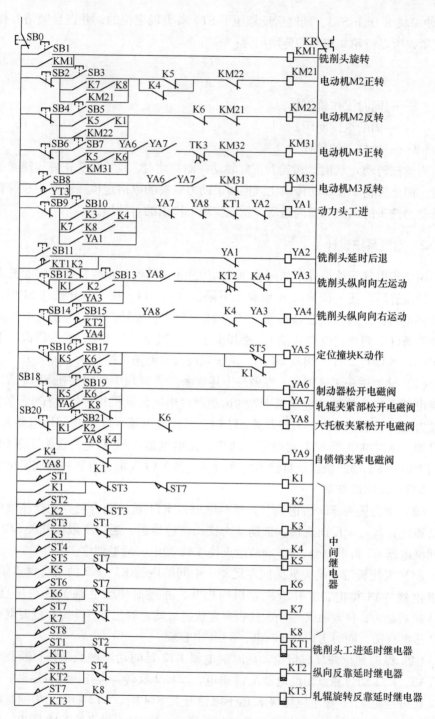

图 6-20　电气系统

自锁，进入第二工位的工作行程。

......

动力铣头完成倒数第二工位的加工并后退到位后，大托板向左运动并反靠定位。其内容与步骤（3）、（4）大致相同，不同点是：当大托板向左运动时，压下了 ST5，使 K5 得电自锁，为后续动作做准备。

（5）动力铣头工进后，延时后退到位。其控制内容与上述步骤（1）、（2）大致相同，不同点是：工进压下限位开关 ST1 后，中间继电器 K1 得电自锁，中间继电器 K1、K5 动合触点动作接通接触器 KM22，电动机 M2 反转，中间继电器 K1 动断触点和限位开关 ST5 联合使继电器 YA5 断电。当压下限位开关 ST2 后，接通继电器 YA3，由于电动机 M2 反转，因此丝杠 2 带动大托板不是向左，而是向右运动。

（6）向右运动到位。当压下限位开关 ST6 后，中间继电器 K6 得电自锁。K6 动断触点使接触器 KM22 断电，中间继电器 K5、K6 的动合触点使继电器 YA5 得电自锁，同时使继电器 YA6、YA7 得电自锁，轧辊夹紧机构松开。

（7）轧辊正向旋转并延时反靠定位。中间继电器 K5、K6 和继电器 YA6、YA7 动合触点使接触器 KM31 得电自锁，电动机 M3 正向旋转。当轧辊旋转到压下限位开关 ST7 时，延时继电器 KT3 得电自锁，延时后，KT3 动断触点使 KM31 断电，使 KM32 得电，电动机 M3 反转，同时使中间继电器 K5、K6 断电。当反靠压下限位开关 ST8 后，中间继电器 K8 得电，延时继电器 KT3 断电，接触器 KM32 断电，电动机 M3 停止，同时继电器 YA6、YA7 断电，轧辊夹紧机构动作，将轧辊夹紧，完成下一排槽的旋转定位。同时中间继电器 K7、K8 的动合触点动作，使 KM21、YA1 得电自锁，接通下一排槽的加工工作循环。

本系统借助中间继电器 K1～K8 实现电路中信号的传递和转换，并通过自锁、互锁、延时控制等，实现整个系统的自动循环加工。

6.6.3 花纹轧辊扁豆形槽自动加工机床的特点

此机床采用多刀加工，并实现了加工过程的自动化，能大大提高生产效率，节约人工成本，通过传统电气元件，采用机、电、液联合动作，使系统动作可靠。由于定位的准确性将直接影响加工精度，因此在设计中利用杠杆 g 和杠杆 h 提高 ST4 和 ST8 的灵敏度，通过延时反靠和自锁销作用，使定位精确。

6.7 轧辊找正和夹紧专用工装设计

在加工大型半钢轧辊和铸铁轧辊时，需在其两端加工中心孔。但在加工过程中，轧辊的装夹存在两个问题：一是轧辊轴心线找正困难，由于轧辊重量大（一般均在 20t 左右），对顶尖的作用力大，这就要求中心孔的对中性要好，但由于重量的原因，调整轴心线位置比较困难；二是轧辊夹紧不便，如果用一般螺丝压板夹紧，很不方便。鉴于此，设计了轧辊找正和夹紧专用工装，实现快速装夹。

6.7.1 轧辊找正和夹紧专用工装的设计思路

该轧辊找正和夹紧专用工装的设计思路为：要调整好轧辊轴心线位置，必须从垂直和水平两个方向进行调整。在垂直方向调整机构设置上，考虑到垂直方向的调整机构承受轧辊的重力较大，故采用蜗轮-蜗杆副来增加调整机构的工作动力。在水平方向调整机构中，设置了一丝杠-丝母副来增加工作动力。在夹紧机构设置上，由于工件外圆表面为毛坯面，在其上设置联动夹紧点时，会出现夹紧力不均匀的现象，故设置了浮动的两点联动夹紧机构来实现对工件的可靠夹紧。

6.7.2 轧辊找正和夹紧专用工装的结构

轧辊找正和夹紧专用工装如图 6-21 所示，它由基座 1、水平丝杠 2、机架 3、第一齿轮 4、导向平键 5、中间轴 6、垂直调整轴 7、蜗轮 8、丝母 9、垂直丝杠 10、夹紧杠杆 11、V 形座 12、第二齿轮 13、拨叉 14、轴承套 15、夹紧丝杠 16、固定挡板 17、螺钉 18、丝母套 19 和杠杆套 20 组成。水平丝杠 2、机架 3 设置在基座 1 上，水平丝杠 2 和机架 3 下部设置的内螺纹孔形成螺旋副，机架 3 上设置的外矩形导轨与基座上设置的内矩形导轨形成滑动副。垂直调整轴 7 支承在机架 3 上，其上设置的蜗杆与蜗轮 8 啮合。蜗轮 8 和第一齿轮 4 竖直布置在中间轴 6 上。垂直丝杠 10 支承在机架 3 上，其上设置有导向平键 5 和第二齿轮 13。V 形座 12 设置在垂直丝杠 10 上端，夹紧丝杠 16 通过丝母套 19 支承在机架 3 上。杠杆套 20 设置在夹紧杠杆 11 上，并与丝母套 19 形成球面接触。螺钉 18 设置在机架 3 上，限制丝母套 19 的转动自由度。

6.7.3 轧辊找正和夹紧专用工装的传动路线及特点

人工动力通过垂直调整轴 7 传入由垂直调整轴 7 和蜗轮 8 组成的蜗轮-蜗杆副，再由蜗轮-蜗杆副通过由第一齿轮 4 和第二齿轮 13 组成的齿轮副传给垂直丝杠 10。垂直丝杠 10 与第二齿轮 13 之间通过导向平键 5 的连接来传递动力。第二齿轮 13 由拨叉 14 固定住，因此，当第二齿轮 13 随第一齿轮 4 旋转时，通过导向平键 5，便带动了垂直丝杠 10 旋转，再通过丝母 9 和垂直丝杠 10 组成的丝杠丝母副作用，推动 V 形座 12 上升或下降。水平方向通过水平丝杠 2 使整个机架 3 在基座 1 上做水平移动。在布局上，水平调整运动和垂直调整运动的调整点分布在同一侧，便于调整。在夹紧机构上，如图 6-21 中 A—A 所示，采用两点浮动夹紧机构，其特点有：

（1）夹紧丝杠 16 可在左右两个方向浮动。

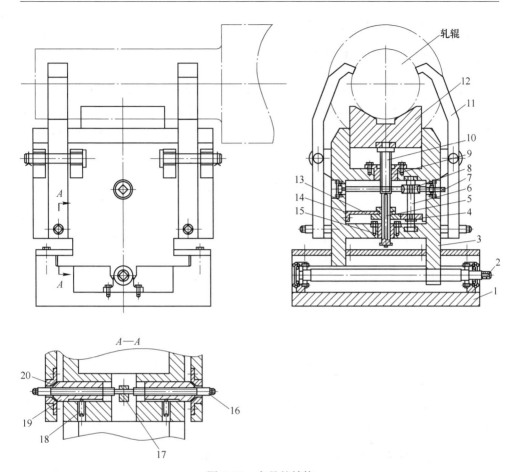

图 6-21　夹具的结构

1—基座；2—水平丝杠；3—机架；4—第一齿轮；5—导向平键；6—中间轴；7—垂直调整轴；
8—蜗轮；9—丝母；10—垂直丝杠；11—夹紧杠杆；12—V形座；13—第二齿轮；14—拨叉；
15—轴承套；16—夹紧丝杠；17—固定挡板；18—螺钉；19—丝母套；20—杠杆套

（2）两丝母套 19 和杠杆套 20 为球面接触，二者可产生多维度旋转运动，这可使丝母套产生的夹紧力充分作用在夹紧机构上，防止夹紧产生的不利分力对机构造成破坏。

两点浮动夹紧机构有利于克服夹紧杠杆与轧辊接触部由于毛坯造成的夹紧一点接触而一点虚接触的情况，这就保证了夹紧的可靠性。

6.7.4　轧辊找正和夹紧专用工装的有益效果

（1）调整机构和夹紧机构的整合，体现了机构的高效。

（2）调整机构轻便、快捷。

（3）夹紧机构动作可靠、夹紧快速。

（4）此工装对轴类、轧辊类零件的装夹具有较好的通用性。

6.8　重型车床专用喷吸钻设计

长期以来，通用机械制造厂在加工长径比大于 20 的特殊深孔时，无专用设备，加工效率低下，加工成本过高。尤其像轧辊这样体积大和重量重的产品，即使采用一般的深孔镗床，也很难加工。鉴于此，设计了这一重型车床专用喷吸钻装置。

6.8.1　重型车床专用喷吸钻的工作原理

喷吸钻在加工深孔时，主要通过压力切削液在钻杆内产生的喷吸效应，将深孔加工中产生的切屑从喷吸钻的内管排出，形成内排屑。喷吸钻在加工中主要解决了以下深孔加工中的技术难题：

（1）解决断屑和排屑问题，保证了可靠的断屑和排屑。

（2）解决了冷却和润滑问题，具有有效的冷却和润滑效果。

（3）解决了导向问题，使加工时钻头不走偏。

喷吸钻的工作原理是：从压力油入口处进入后，2/3 的切削液由内外管之间的空隙和钻头上的 12 个小孔流到切削区，对切削部分和导向部分进行冷却和润滑，然后从内管中排出；另外 1/3 的切削液从内管后端四周的月牙形小孔向后喷射，由于喷嘴较小，流速很快，产生喷射效应，在喷射流的四周形成低压区，因此在内管的前后端产生了压力差，后端有一定的吸力，将切屑加速向后排出。

6.8.2　重型车床专用喷吸钻的结构设计和工作特点

6.8.2.1　总体结构设计

喷吸钻总装布置如图 6-22 所示。该图可分为两部分来：一部分是以机床为主体的工艺系统（图形均为简单示意表示），包括刀架 1、中心架 3、车床本体 4 以及待加工轴 5；另一部分是喷吸钻系统，包括钻杆装置 2、泄漏油回流装置 6、泄漏油回流管 7、油箱装置 8、进油管 9 和回油管 10。在结构布置上，钻杆装置通过定位、夹紧固定在机床刀架上，与装夹内孔加工车刀的安装方式相同，安装时只需调整钻杆，使其中心线与机床主轴中心线对齐即可。泄漏油回流装置安装固定在机床导轨上。

6.8.2.2　油箱装置结构设计和工作特点

如图 6-23 所示，整个箱体设计成两箱结构：左箱为油泵的吸油箱；右箱为切削液的回流箱，对切削液进行过滤。在左箱的上盖板 6 上安装有人字齿轮油泵装置 7。人字齿轮油泵装置将压力切削液通过进油管（图 6-22 中的 9）通入钻杆装置。系统运作时，回流的切削液（其中包括泄漏油和正常回流油）首先进入

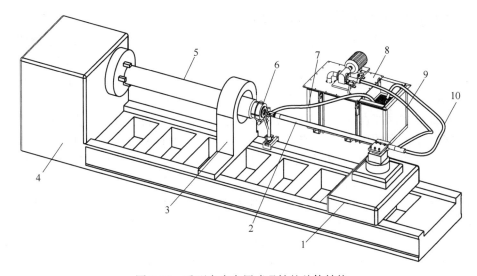

图 6-22　重型车床专用喷吸钻的总体结构
1—刀架；2—钻杆装置；3—中心架；4—机床；5—工件轴；6—泄漏油回流装置；
7—泄漏油回流管；8—油箱装置；9—进油管；10—回油管

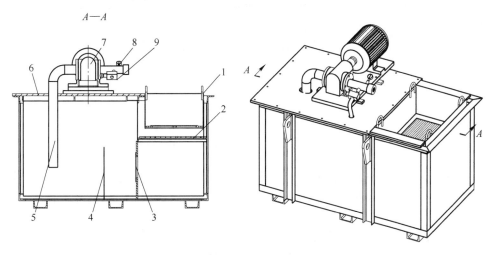

图 6-23　油箱装置的结构
1—接渣斗；2,3—过滤筛网；4—隔板；5—吸油管；6—盖板；7—齿轮泵装置；
8—压力表；9—溢流阀

接渣斗 1 中。接渣斗底部安装有钢筛板，使流回的切削液进行初步的过滤，滤去绝大部分切屑。在接渣斗的下方，安装有过滤筛网 2，切削液通过它时进行第二次过滤。然后再经过滤筛网 3 进行充分的过滤，进入油箱的左箱中。为使进入油箱左箱中的油液进一步沉淀，在左箱中安装了隔板 4。

6.8.2.3　钻杆装置结构设计和工作特点

钻杆装置是整个喷吸钻装置的关键部件，深孔的钻削加工和压力切削液的有效工作均需靠钻杆装置来完成。如图 6-24 所示，由接头 9 进入的压力切削液，在内管 5 和外管 6 之间传输，大约 1/3 的压力切削液通过内管后端的喷嘴孔以 30°的倾角向后喷射进入内管，由于该压力切削液的压力高于内管中切削液的压力，因此形成局部真空，向后将切屑吸出，另外 2/3 的切削液通过内、外管之间形成的 4 个槽（图中未示），进入钻头体与外管之间形成的 6 个螺纹部的导液槽（见图 6-25 中立体图），再由刀体上的 12 个 ϕ6mm 小孔及在刀体前端开的导液槽，形成高速压力流喷向刀具切削区，将切屑向内管压入。两个弹性胀圈 2 的作用为密封内、外管，减少泄漏，使切削液直达切削部位，并为刀体前端的切削液形成一个背压，减少切削液的泄漏。采用弹性密封胀圈背压，有利于控制背压间隙，降低外刀的最大直径处刀尖的尺寸公差要求，并且弹性密封胀圈较为耐磨，使用寿命较胶质密封圈好。在钻杆装置中，钻头组件是整个装置的核心零件，不仅制作难度大，而且直接影响整个装置的加工效率。

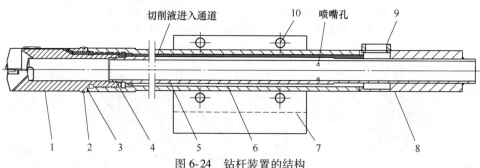

图 6-24　钻杆装置的结构

1—钻头组件；2—弹性胀圈；3—铜垫片；4—O 形密封圈；5—内管；6—外管；
7—夹头；8—接管；9—接头；10—螺栓

为提高加工效率，刀片采用三角形的机夹可转位硬质合金刀片。刀片在刀体上呈错齿分布，分为内、中、外三齿。这种错齿分布，有利于形成较小的 C 型切屑，并有利于排屑。为改善刀尖的切削环境，减少刀尖崩刃和磨损情况，在内刀的切削位置布置上，并不像外刀和中刀一样安装在顶锥150°面上，而是采用倒锥面分布，其刀刃与钻杆轴心线的夹角为75°，使内刀在切削次序上（相对于工件材料）晚于中刀和外刀，并且刀尖过了中心，原则上不参与切削，从而使刀尖得到很好的保护。刀片通过刀垫（图 6-25 中的 7、8、9）和十字槽盘头螺钉固定在刀体上。刀片前角为12°，后角取7°，在实际工作中，可根据工件材质进行适当调整。刀体与外刀杆采用传力好的矩形双线螺纹连接，牙高2mm。另外为防止刀头走偏，在刀体的外圆面上装上了三个导向键6，如图 6-25 所示，导向键用螺钉固定在刀体上。在制作、安装刀体装置时，要求导向键的外圆直径小于外刀形成的最大外圆直径 0.2~0.4mm。

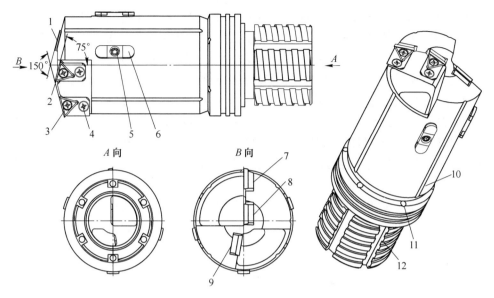

图 6-25　刀头结构

1—中刀；2—内刀；3—外刀；4—十字槽盘头螺钉；5—螺钉；6—导向键；7—外刀垫；8—内刀垫；
9—中刀垫；10—导液槽；11—导液孔；12—螺纹部导液槽

6.8.2.4　泄漏油回流装置的结构设计和工作特点

在系统运作中，由于钻杆与加工轴有相对旋转运动，密封效果较差，切削液有泄漏，为此设计泄漏油回流装置（见图 6-26），使泄漏的切削液回流进油箱。

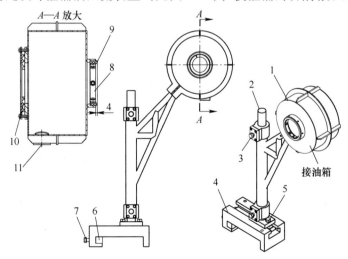

图 6-26　泄漏油回流装置

1—支架组件；2—立柱；3，5，7—夹紧螺栓；4—安装座；6—夹紧块；8—压紧圈；
9，10—半粗羊毛毡圈；11—油口

该装置便于安装，并可以调节高度和机床横向距离，以满足不同型号机床的使用要求。泄漏油回流装置在结构上设计成组合式，由支架 1、立柱 2 和安装座 4 三个主件和其余连接件与附件组成。使用时，安装座定位在机床导轨适当位置上，并通过夹紧螺栓 7 推动夹紧块 6 夹固在机床导轨上。立柱可以在安装座的 T 形槽内移动，定位后通过夹紧螺栓 5 夹固在安装座上。支架可以在立柱上上下移动，定位后通过夹紧螺栓 3 夹固在立柱上。通过以上定位安装，可以很方便地使支架的接油箱中心线与刀杆中心线对齐，快速完成整个泄漏回流装置的安装。工作时，泄漏的切削液汇集在接油箱内，通过油口 11 导回油箱。半粗羊毛毡圈 10 主要起密封作用。

此重型车床喷吸钻装置，结构简洁、实用，装拆方便、快捷，能较好地满足普通重型车床加工深孔的要求，具有推广价值。通过实际使用验证，本装置运行可靠。

6.9　分体式落地车床螺纹加工专用装置设计

分体式落地车床主要用于直径较大的重型机械零件的加工，如大型法兰盘、大型筒体、重型轴件等。分体后的落地车床，进给部分的刀架可以移动，使机床的加工能力得到拓展。例如 C6031，通过扩宽和加深地坑，移动刀架，可以加工直径 4m 的工件；通过移动后顶尖尾座，可以加工 2~16m 长的工件。但由于分体式落地车床将主轴的旋转运动和刀具的进给运动分体后，难以实现车削螺纹加工所需的内联系传动链，且加工的螺纹常属于非标螺纹，因此螺纹加工难以进行。为解决分体式落地车床螺纹加工的需要，对螺纹加工的技术条件进行深入研究后，设计了分体式落地车床螺纹加工专用装置。该专用装置将主轴的旋转运动和刀具的进给运动联系起来，实现联动，通过挂轮方式，实现加工所需螺距。

分体式落地车床的主轴运动和刀具进给运动分体，要实现两者的联动，就需要建立内联系传动链，即需要在主轴和刀架之间建立运动传递的联系机构。理论上说，有两种方式可以实现：

（1）通过主轴直接将运动传递给刀架。在主轴的前端由于安装有卡盘等机床辅具，很难实现运动的传出，因此只有通过主轴后端将运动传出。但由于主轴后端一般未设置运动传递机构，因此只有通过主轴的改造才能够实现。

（2）通过主轴将运动传递给工件，工件将运动传递给机床尾座上的顶尖，再由顶尖将运动传递出来，通过传动机构将运动传给进给刀架，从而在主轴和刀架之间建立内联系传动链，为螺纹加工创造必要条件。

对比上述两种方案，运动通过主轴后端传出的方案需改造主轴，可能对主轴的精度保持性带来不利影响，而且，此方案需将整套装置布置在机床主轴箱前，给机床的操作带来不便，使机床的整体布局不合理。后一种方案是通过尾座顶尖将运动传出，经过一系列传动机构将运动传递给刀架，从而建立内联系传动链的方法。此方案需制作专用尾座、运动传递及位置调整的机构，工装成本较高。综合考虑可操作性和使用维护成本、操作便利性等因素，后一方案优于前一方案。以下就后一设计方案进行详细分析。

6.9.1 传动系统设计

6.9.1.1 传动链设计

为简明、直观地表达机构的传动关系和结构布置情况，首先根据该装置的功能需要，设计如图 6-27 所示的螺纹加工装置的传动系统图。该图按运动传递的先后顺序进行绘制，各传动机构以展开图的形式绘制在相应部件的外形轮廓线内，并标注转动件参数。该图中的设计参数是经过反复修订后的结果。该传动系统图能较为清楚地表达出机床传动系统的组成和相互联系，但并不表达各构件及机构的实际尺寸和空间位置。

该传动系统图分析如下：

（1）找出该传动链的两端件。该传动链的一个端件为顶尖，另一个端件为刀架，即两端件为：顶尖—刀架。

（2）确定两端件的相对运动量，即计算位移。车削螺纹时，主轴每转一转，刀架要均匀地移动一个被加工螺纹导程值 $s(\mathrm{mm})$。刀架与主轴之间必须保持严格的传动比关系，否则就丧失了螺纹车削精度。

（3）传动路线。如图 6-27 所示，车床主轴的运动通过轴 I 前端的顶尖传入，然后通过一对直齿轮副（由第一齿轮 1 和第二齿轮 2 组成，齿数为 $Z_1=27$，$Z_2=27$）传给轴 IV，再通过一对锥齿轮副（由第三齿轮 3 和第四齿轮 4 组成，齿数为 $Z_3=22$，$Z_4=22$）传给轴 V。轴 V 通过凸缘刚性联轴器 L_1，将运动传出机床尾座，与轴 VI 接通，从而将运动传给横移调整箱。轴 VI 为花键轴，安装在一花键套中，花键套上安装有第五齿轮 5（第五齿轮为锥齿轮，$Z_5=22$），当加工工件直径变化时，需通过轴 XII 的螺杆旋转，带动整个横移调整箱做横向移动（相对于机床），从而适应加工要求，达到扩大加工范围的目的。花键轴 VI 可以在花键套中做轴向滑动，从而不破坏传动链的传动比关系。经过锥齿轮副（由第五齿轮和第六齿轮组成，$Z_6=22$）将运动传给轴 VII。轴 VII 右端安装有第七齿轮 7（第七齿轮为空套齿轮，$Z_7=40$）和单一圆周位置弹力啮合的离合器 M_1，离合器在弹力作用下闭合，从而实现轴 VII 和轴 VIII 的运动接通，即通过齿轮副（由第七齿轮和第八齿轮组成，$Z_8=20$），将运动传给轴 VIII。轴 VIII 上设置第十齿轮（第十齿轮为固定齿轮，$Z_{10}=50$），将运动传给轴 IX 上第十一齿轮（第十一齿轮为双联空套齿轮，其上设置的齿轮齿数为 25/50），第十一齿轮再将运动传给轴 VIII 上第九齿轮（第九齿轮为双联空套齿轮，其上设置的齿轮齿数为 25/50），第九齿轮再通过轴 IX

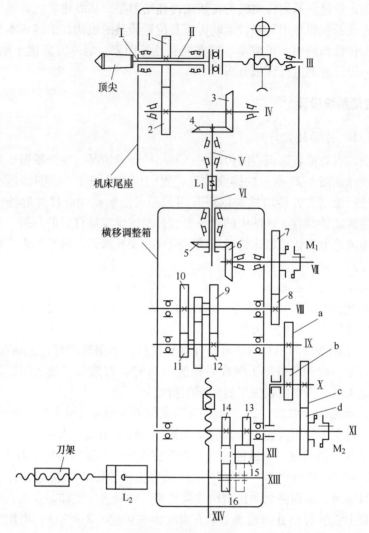

图 6-27　传动系统

1—第一齿轮；2—第二齿轮；3—第三齿轮；4—第四齿轮；5—第五齿轮；6—第六齿轮；
7—第七齿轮；8—第八齿轮；9—第九齿轮；10—第十齿轮；11—第十一齿轮；
12—第十二齿轮；13—第十三齿轮；14—第十四齿轮；15—第十五齿轮；16—第十六齿轮

上的第十二齿轮（第十二齿轮为固定齿轮，$Z_{12} = 25$）将运动传回给轴Ⅸ。在轴Ⅶ至轴Ⅸ间，实现了 16 倍增速。这样设计的原因主要是考虑到在落地车床加工的零件属于重型机械零件，如大型筒体，其上加工的螺纹或螺旋槽的螺距通常较大（大于 50mm），要求的内联系传动链的传动比也大，在挂轮机构前设置 16 倍的增速，可减小挂轮机构的传动比，从而减小的挂轮机构中设置的齿轮的直径尺寸。在轴Ⅸ至轴Ⅺ之间，通过 a、b、c、d 的挂轮组实现运动的传递，同时对传动链的传动比进行调整，以满足加工不同螺距的要求。齿轮 d 为空套齿轮，它与轴XI之间的连接需通过齿嵌式离合器 M_2 才能实现。采用齿嵌式离合器主要是考虑此型离合器采用内外齿圈啮合的形式，与端面齿啮合的牙嵌式离合器相比，主、被动元件不易产生相互滑动，且无需施加较大的轴向力压紧，结构简单，传递转矩大。另外，齿轮加工工艺性好，比端面牙容易制造，精度高。轴XI上的两个固定齿轮可以通过两条路径与轴XIII接通：一条是当轴XIII上的滑移齿轮处于左位时，通过第十四齿轮（第十四齿轮为固定齿轮，$Z_{14} = 40$）和第十六齿轮（第十六齿轮为滑移齿轮，$Z_{16} = 40$）组成的齿轮副传递运动；另一条是当轴XIII上的第十六齿轮处于右位时，通过轴XII上的第十五齿轮（第十五齿轮为宽齿轮，$Z_{15} = 30$）作为介轮，将运动传递到轴XIII上。这样设计的目的主要是满足加工左、右旋向螺纹时的反向需要。轴XIII通过可伸长的联轴器 L_2 将运动传给进给刀架上的丝杠，然后通过开合螺母，带动刀架实现螺纹进给运动。

该装置传动路线如图6-28所示。

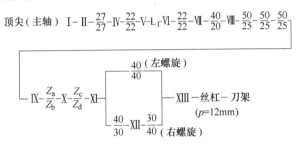

图 6-28 传动路线表达式

图6-28中 $p = 12\text{mm}$ 表示与刀架相连接的丝杠的螺距为12mm。通过图6-28所示的传动路线表达式，可以列出螺纹加工时的传动计算式（按右螺纹）：

$$s = 1\text{r}（主轴）\times \frac{27}{27} \times \frac{22}{22} \times \frac{22}{22} \times \frac{40}{20} \times \frac{50}{25} \times \frac{50}{25} \times \frac{50}{25} \times \frac{Z_a}{Z_b} \times \frac{Z_c}{Z_d} \times \frac{40}{30} \times \frac{30}{40} \times 12$$

$$s = 192 \times \frac{Z_a}{Z_b} \times \frac{Z_c}{Z_d} \tag{6-1}$$

式中　s——螺旋槽或螺纹的螺距，mm；

　　$Z_a \sim Z_d$——挂轮 a~d 的齿数。

综上所述，该车削螺纹传动链的特点是：

（1）有换向机构，可以加工左、右旋螺纹。

（2）螺纹导程较大，适合加工大型筒体或大直径轴类零件上的螺纹（包括螺旋沟槽）。

（3）采用挂轮方式实现螺距的精确调整，可根据具体制造厂的常加工零件备用挂轮。

6.9.1.2　整体布局设计

在装备整体布局上，主要考虑以下要求：

(1) 需满足螺纹加工的功能需要。

(2) 操作的便利性要好。

(3) 对整台机床的改造或结构调整要尽量小。

在满足螺纹加工功能上，要求运动传递准确、可靠。因此整个传动链（见图6-27）采用刚性较好的齿轮传动，保证了传动比的准确性；采用刚性联轴器、销轴配合单一位置啮合的离合器以及齿嵌式离合器作为轴之间的连接，保证了传动过程中无滑动，进而保证了运动传递的准确性和可靠性。为适应机床加工不同直径工件的要求，机床尾座和机床刀架之间的横向距离应能在较大范围进行调整，且调整方便、快捷。但整个传动链为提高传动的准确性和可靠性，采用了刚性较好的传动机构，调整起来很困难，因此需设计专门机构使调整方便。调整机构的设计需要解决三个问题：

(1) 能实现机床尾座和机床刀架之间横向距离的调整。

(2) 不破坏传递运动的准确性。

(3) 调整方便。

为此设计了横移调整箱，通过两对锥齿轮实现传递运动。第一对锥齿轮实现方向的改变，将平行于尾座顶尖轴心线方向的轴布置转变为垂直尾座顶尖轴心线方向的轴布置。轴Ⅵ处的锥齿轮并不是直接装在轴Ⅵ上，而是装在一内花键轴套上，与内花键轴套固定在一起，轴Ⅵ为外花键轴，与内花键轴套配合，二者可以实现轴向的相互滑动。即二者在圆周方向通过花键连接实现同步旋转，在轴向上相互之间无约束，可以实现轴向滑动，这便为横移调整箱的横移提供了条件。考虑到横移调整箱做横移调整的频率较小，一般在螺纹加工前一次性调整完成，在整个螺纹加工过程中不再改变，因此横移调整箱的横移动力机构采用手动调整机构。如图6-27中轴ⅩⅣ的丝杠与横移调整箱上设置了丝母形或螺旋调整机构，未设计专门动力系统，采用手动调整。第二对锥齿轮改变运动传递的方向，使传动轴布置又平行于尾座顶尖轴心线方向。由于离合器 M_1 和离合器 M_2 仅在加工多头螺纹时使用，使用频率相对不高，因此设计采用手动离合方式。为方便操作，将两个离合器均放在横移调整箱的外面，且布置在右侧。挂轮架需方便挂轮的装拆，因此将其布置在横移调整箱的右侧外面。另外，利用可伸长万向联轴器 L_2 的轴向长度调整功能和角向补偿量较大的特点，可以大大降低安装难度，同时便于安装和调整刀架的合适加工位置。

总体来看，整个螺纹加工装置主要部件——横移调整箱布置在顶尖右侧，而工件安装在顶尖的左侧，一般很少超过顶尖，或超过尺寸较小，因此，该装置不会对整个工件的加工便利性造成影响，不会与工件的安装发生干涉，且结构紧凑，安装方便。安装时只需将横移调整箱与机床尾座连接在一起，将联轴器 L_1 和 L_2 接通即可进行加工。同样，该装置的拆卸也很方便。

6.9.2 功能部件结构设计

6.9.2.1 总装图设计

如图 6-29 所示，整个螺纹加工装置由专用尾座 1、刚性凸缘联轴器 2、横移

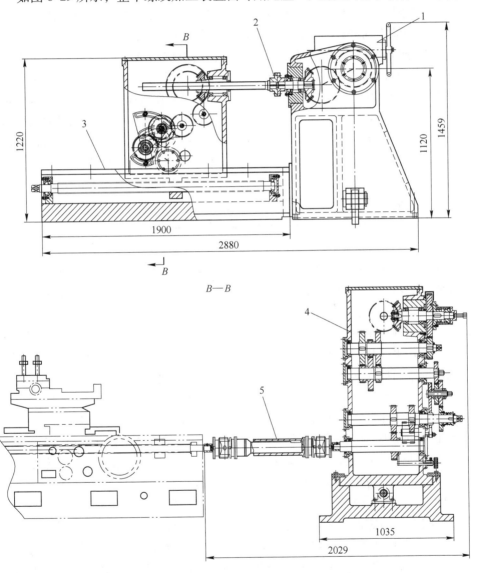

图 6-29 螺纹加工装置的结构

1—专用尾座；2—刚性凸缘联轴器；3—横移基座；4—横移调整箱；5—万向联轴器

基座 3、横移调整箱 4 和万向联轴器 5 等部件组成。专用尾座 1 负责将主轴传递的运动引入并输出给横移调整箱。刚性凸缘联轴器 2 结构简单，制造容易，工作可靠，装拆方便，刚性好，传递转矩大。横移基座 3 为横移调整箱的基础支承件，其上设计安装有横移丝杠，为横移调整箱的横移运动提供动力。横移调整箱 4 上安装变速机构和挂轮机构，实现对传动比的调整，以满足不同螺距螺纹的加工要求。其上还安装有两个离合器，以满足多头螺纹的加工要求。横移调整箱上设置有反向机构，可以满足左旋螺纹和右旋螺纹的加工要求。万向联轴器 5 为可伸长的球铰式万向联轴器。该类型联轴器结构简单，体积小，运转灵活，易于维护，适用于以传递运动为主的传动轴系。此处使用该联轴器，还有一个作用就是便于整套机构的装拆。安装时，首先应根据加工工件的长度，将尾座安装在机床地平台上的合适位置，固定夹紧后，再将工件安装在机床卡盘和位置顶尖之间，然后根据加工要求固定刀架，接着安装横移基座 3 和横移调整箱 4，刚性凸缘联轴器 2 连同安装上。主要部件安装完后，再安装万向联轴器 5。万向联轴器 5 需连接已经基本固定的两端件（刀架和横移调整座），这就要求该联轴器有一定的伸缩量，允许轴之间有一定的径向位移，这样才能较为方便、顺利地完成安装。通过万向联轴器 5 可将横移调整箱的输出轴（见图 6-27 中的轴Ⅷ）直接与刀架部件上的丝杠相连，从而接通主轴和刀架之间的运动。

6.9.2.2　尾座部件结构设计

尾座部件的结构如图 6-30 所示。它负责引入主轴传递的运动并输出给横移调整箱。为将主轴的运动引入尾座部件，设计了销轴 6（两个，呈对称布置），安装在顶尖 7 上。工作时，销轴 6 插入工件端面或工装（如空心筒体一般均需在内部安装胎具或堵头）事先加工好的工艺孔中。工件旋转时，由于销轴的连接作用，带动顶尖同其同步旋转，于是主轴的运动通过刚性好的工件传给顶尖。顶尖后端外圆锥面插入尾座主轴 8 的锥孔中。顶尖和尾座主轴 8 的前端用端面键 18 连接在一起。空心齿轴 16 的内孔装主轴 8，二者用滑键 17 连接并传递运动。空心齿轴 16 在轴向是固定的，而尾座主轴 8 可以在轴向移动，以实现顶尖在轴向顶紧工件的前进动作和拆卸工件时的后退动作。主轴 8 的顶紧和后退运动是通过手轮 1 的动作来实现的。手轮安装在蜗杆 15 的轴上，当操作工旋转手轮时，蜗杆旋转，从而带动与之啮合的蜗轮 12 旋转。蜗轮左端通过一推力轴承支承在空心齿轴 16 的右端，蜗轮右端通过一向心圆锥滚子轴承安装在透盖上。蜗轮的位置在轴向上是固定的，只能绕轴心线旋转。蜗轮的内孔加工成螺纹孔，与螺杆 13 配合。螺杆 13 沿轴线方向开有键槽，其上安装滑键 14。由于滑键 14 也卡在端盖上，与端盖固定，使螺杆 13 只能轴向移动而不能旋转，因此，当手轮旋转时，通过蜗杆 15 带动蜗轮 12 旋转，必然使螺杆 13 轴向移动，从而推动或拉动主轴 8 连同顶尖 7 一起做伸出或后退动作。空心齿轴 16 通过圆柱齿轮 10 将运动

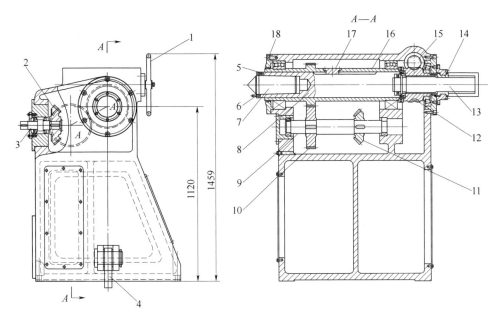

图 6-30　尾座部件的结构

1—手轮；2，11—锥齿轮；3，9—轴；4—止动爪；5—连接键；6—销轴；7—顶尖；8—主轴；
10—圆柱齿轮；12—蜗轮；13—螺杆；14，18—键；15—蜗杆；16—空心齿轴；17—滑键

传给轴9，由于轴9上通过平键固定有锥齿轮11，而锥齿轮11又与锥齿轮2啮合，因此通过锥齿轮11和2可以将运动传递给轴3，从而实现将运动传出尾座部件。为防止尾座在加工过程中出现后退，在尾座远离工件端，设置有止动爪4。止动爪与地平台上的止动齿结合实现防止尾座窜动的功能。

6.9.2.3　横移调整箱结构设计

A　横移调整箱整体结构布置

横移调整箱的整体结构布置如图6-31所示。花键轴6通过一联轴器（见图6-29中的2）将运动传入横移调整箱。内花键轴套5通过两向心圆锥滚子轴承支承在箱体3的轴承孔中。圆锥齿轮4既固定安装在内花键轴套5上，既与内花键轴套同步旋转，又与圆锥齿轮15啮合。这样从尾座箱中传来的运动，便经过"花键轴6—内花键轴套5—圆锥齿轮4—圆锥齿轮15"传至轴16。轴16通过两向心圆锥滚子轴承安装在箱体3的轴承孔中，其上安装有圆锥齿轮15和圆柱齿轮22。标尺指针17指示齿轮22的旋转角度。在齿轮22的右端面有圆周刻线，当齿轮22旋转时，通过指针17，便能读出齿轮22的旋转角度。离合套21与齿轮22只在圆周固定单一位置啮合，啮合方式在结构上采用销与孔配合方式。该离合器在圆周上采用两个圆柱销传递动力，两圆柱销在圆周方向呈160°圆周角布置。弹簧20为离合器提供啮合所需的轴向动力。螺钉19用于将离合器手动分

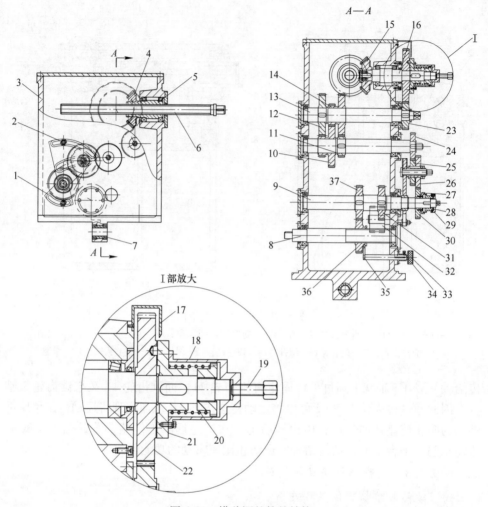

图 6-31　横移调整箱的结构

1—挂轮架；2，29—螺母；3—箱体；4，15—圆锥齿轮；5—内花键轴套；6—花键轴；
7—螺纹轴套；8，9，13，16—轴；10，14—空套齿轮；11，12，22~26，30，31，37—齿轮；
17—指针；18—连接套；19—螺钉；20—弹簧；21—离合套；27—被动齿套；28—主动齿套；
32—宽齿轮；33—操纵杆；34—钢球；35—拨叉；36—滑移齿轮

离。传到轴 16 的运动通过齿轮副 22 和 23 传到轴 13 上。圆柱齿轮 12 通过平键固定在轴 13 上。双联空套齿轮 10 和 14 作为中间传递机构，将齿轮 12 和齿轮 11 接通，同时起到增速作用。齿轮 24 通过平键固定在轴上，和齿轮 11 实现同轴旋转，进而将运动传入挂轮机构。挂轮机构由两对齿轮副组成（24/25，26/27），可以根据加工螺距进行传动比调整。齿嵌式离合器的离合套 27 和 28 靠手动拧动螺母 29 来实现啮合和分离。

　　B　多线螺纹加工装置的设计

　　图 6-31 中 21 和 27 处的离合器（即图 6-27 中的 M_1 和 M_2）为横移调整箱的重要部位。设置两离合器的主要作用为实现多头螺纹的加工。在单头螺纹加工时，两离合器均处于闭合状态，接通相应的运动。在需要加工多头螺纹时，其动作过程为：在加工完多头螺纹的其中一头后，主轴反转，将刀具移动到下一线螺纹加工起刀位置，然后主轴停止转动，刀具停止移动（此时螺纹加工内联系传动链并未脱开）。然后如图 6-31 中 I 部放大图所示，拧动螺钉 19 可带动中间连接套 18，由于中间连接套 18 与离合套 21 通过螺栓连接为一整体，因此便将主动离合套 21 向右拉回，实现手动对离合器 M_1 的脱开。接着逆时针拧动圆螺母 29，使主动齿套 28 向左移动，从而实现手动对离合器 M_2 的脱开。两离合器松开后，在两离合器之间的传动机构的旋转自由度被释放。拧动轴 13（在轴 13 的左端设计有扳手拧动位置），便可以使两离合器之间的齿轮转动起来。由于在空套齿轮 22 的右端面刻有圆周度数刻线，因此通过固定的指针 17 读数，便可调整空套齿轮 22 旋转的角度。如加工的螺纹为双头螺纹，则手动旋转空套齿轮 22 180°；若加工的螺纹为三头螺纹，则手动旋转空套齿轮 22 120°。由于离合器 M_1 的主动离合套和被动离合套（空套齿轮 22）在设计上，采用圆周单一位置啮合，而从尾座主轴到主动离合套 21 的传动均为等比传动，因此，主轴转动一周，主动离合套 21 必然同步旋转一周。当松开螺钉 19，主动离合套 21 必然在弹簧 20 的弹力作用下向左移动，顶紧被动离合套 22。由于离合套 21 和齿轮 22 采用的是单一位置啮合，因此此时 M_1 并未进入啮合位置。此时再合上齿嵌式离合器 M_2，便可以开动机床主轴进行加工了。一旦主轴旋转，由于旋转速度较小，当主动离合套跟随机床主轴的运动进入啮合点时，主动离合套 21 上的圆柱销便会在弹簧弹力的作用下，滑入齿轮 22 的圆柱孔中，从而接通整个传动链。而此时主轴的旋转角度正好是事先设计好的圆周分度的角度（如双头螺纹为 180°），刀具在上一螺旋线进给位置并未移动。因此，此情形正好与多线螺纹的圆周分度法效果相同。

　　C　左、右旋螺纹反向装置结构设计

　　考虑到加工左旋螺纹或左旋螺旋槽的需要，传动链必须设置反向机构，为此设计了齿轮 31 和 37 固定在轴 9 上。在操纵杆 33 的作用下，拨叉 35 带动滑移齿轮 36 实现左右移动，从而使滑移齿轮 36 可以与左位的齿轮 31 或与宽齿轮 32 啮合。当滑移齿轮 36 处于左位时，从机床主轴到轴 8，中间经过 8 对外啮合，每一次外啮合，均使传动轴反向，即反向系数为 $(-1)^8 = 1$，说明主轴与进给丝杠之间的旋转方向相同。丝杠采用右旋螺纹，按照螺纹加工常规方法，从右到左进行切削，则此时应是左旋螺纹的加工。当滑移齿轮 36 处于右位时，从机床主轴到轴 8，中间经过 9 对外啮合，则反向系数为 $(-1)^9 = -1$，说明主轴与进给丝杠之间的旋转方向相反，此时应是右旋螺纹的加工。为方便齿轮 36 滑移时的轴向定位，设计了钢球 34。钢球在弹簧弹力作用下，顶紧在操纵杆 33 的外圆表面上。当操纵杆 33 左右移动时，其上的凹槽便与钢球接触，发出较为清晰的接触声音并产生明显的移动阻力，操作者据此便能判定滑移齿轮啮合到位。操纵杆上设计了键槽，槽中插入一圆柱销钉，防止操纵杆转动。

另外在横移箱的下部，考虑到在箱体上加工梯形螺纹较难，设计了如图 6-31 所示梯形内螺纹套 7。该螺纹套通过骑缝螺钉与箱体 3 固连在一起，与横移基座组件上的梯形丝杠配合，实现对横移调整箱的横移动作。

6.9.2.4　空心齿轴的设计

A　空心齿轴的材料选择

图 6-32 所示的空心齿轴在尾座部件中属于重要零件，它的作用是将尾座主轴的运动传出，并提供尾座主轴的安装孔。该轴在工作时既受到弯矩作用，又受到扭矩作用，且轴上开有滑键安装孔。加工中受材质硬度的变化、切削厚度的变化等因素的影响，切削力常产生波动，使空心齿轴的受力情况复杂。这就要求空心齿轴应具有较高的强度与刚度。又由于加工工件为重型零件，因此空心齿轴的工作可靠性要求高。综上，空心齿轴的材料考虑采用合金结构钢 40Cr。40Cr 经过调质处理后可以获得较高的机械强度，抗拉强度达到 $\sigma_b = 980\text{MPa}$，屈服强度达到 $\sigma_s = 785\text{MPa}$，能较好地保证轴的机械性能要求。

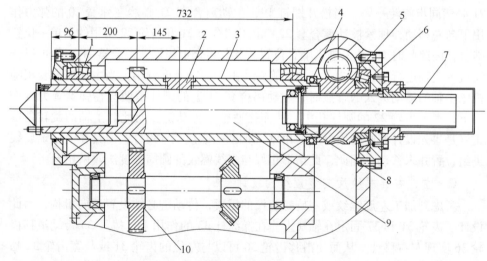

图 6-32　空心齿轴的安装

1—轴承 23040；2—滑键；3—空心齿轴；4—轴承 51136；5—蜗轮；6—轴承 30230；
7—螺杆；8—轴承 51218；9—尾座主轴；10—齿轮 54

B　空心齿轴结构设计及计算

a　空心齿轴的受力分析

空心齿轴通过两个调心滚子轴承（型号 23040）支承在箱体孔中，后端安装有一推力轴承（型号51136），为蜗轮提供支承点。两轴承中心线跨距为732mm。顶尖前伸顶紧工件时产生的后坐力，通过顶尖传递给尾座主轴，尾座主轴通过轴承（型号51218）传给螺杆，螺杆通过螺纹副传给蜗轮，蜗轮通过轴承（型号30230）传给端盖，端盖通过螺钉传给箱体。可见，后坐力对空心齿轴的产生的轴向内力不大，主要为后坐力作用下尾座主轴产生的摩擦力，在空心齿轴的结构尺寸和强度校核中可以忽略。对空心齿轴的强度产生直接影响的是通过尾座主轴作用在空心齿轴上的转矩、工件的重力以及切削产生的切削力。可见，空心齿轴所受的力主要由尾座主轴提供或传递，因此在对空心齿轴进行受力分析前，需对尾座主轴进行受力分析。

（1）尾座主轴受力分析。设计参数要求尾座主轴在工作状态时，具有250mm的伸出量然而悬伸长，对轴产生的力最不利轴的强度，因此设计时，要以尾座主轴伸出量为250mm时的受力状态进行分析。考虑到空心齿轴与尾座主轴为间隙配合，其对尾座主轴的反力可以简化为 F_1'（空心齿轴对尾座主轴前端产生的反力）和 F_2'（空心齿轴对尾座主轴后端产生的反力），如图6-33所示。由前面分析可知，

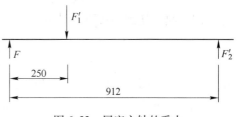

图6-33 尾座主轴的受力

由于轴向力（后坐力）对空心齿轴产生影响不大，故在分析尾座主轴的受力分析时，不予考虑。

图6-33中 F 为切削力和工件重力产生的合力，即：

$$F = G + F_r$$

式中　　G ——工件重力矢量；

　　　　F_r ——为工件加工中产生的切削力矢量。

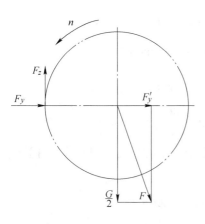

图6-34 尾座主轴前端受力分析

考虑到工件是支撑在主轴前端的卡盘和尾座顶尖之间，在加工中产生的切削力对尾座顶尖产生最大力的作用点是在刀具靠近顶尖时，此时切削力的大部作用到尾座顶尖上，而对卡盘作用力较小，忽略不计。并且，在切削力的三个分力中，进给力 F_x 对空心齿轴的强度影响较小，可以忽略，即只分析主切削力 F_z 和切削径向力 F_y 对尾座顶尖前端的作用。假定工件重心在工件长度的中心，则工件重力作用到尾座顶尖上的作用力为 $G/2$。基于上述分析，尾座顶尖前端的受力分析如图6-34所示。

由于主切削力 F_z 使工件具有回转的趋势，对顶尖的支撑反力的作用较小，因此由图 6-34 的受力分析知：

$$F = \sqrt{\left(\frac{G}{2}\right)^2 + F_y^2} \tag{6-2}$$

按照机床设计能力，机床顶尖间支持工件最大重量为 12t 计算，即：

$$G = 120000\text{N} \tag{6-3}$$

由于 F_y 和 F_z 之间存在如下近似关系：

$$F_y = (0.4 \sim 0.5) F_z$$

取

$$F_y = 0.5 F_z$$

则

$$F = \sqrt{\left(\frac{G}{2}\right)^2 + F_y^2} = \sqrt{\left(\frac{G}{2}\right)^2 + \frac{F_z^2}{4}}$$

切削螺纹时切削力按下式计算：

$$F_z = \frac{9.81 C_{Fz} t_1 y_{Fz}}{N_0^{n_{Fz}}} \tag{6-4}$$

式中　C_{Fz}——决定被加工金属和切削条件的系数；

　　　t_1——螺距；

　　　y_{Fz}——进给量 f 的指数；

　　　n_{Fz}——切削速度 v 的指数；

　　　N_0——走刀次数。

查切削力公式中的系数和指数表得：

$$C_{Fz} = 133,\ y_{Fz} = 1.7,\ n_{Fz} = 0.71$$

由于加工筒体类零件，如卷扬机卷筒的螺旋绳槽的螺距一般较大，因此在此取 $t_1 = 200\text{mm}$。

走刀次数取 $N_0 = 15$ 次。

将上述取定的 t_1、N_0 和查表结果代入式 (6-4) 中得：

$$F_z = \frac{9.81 \times 133 \times 200 \times 1.7}{15^{0.71}} = 64860\text{N} \tag{6-5}$$

将式 (6-3) 和式 (6-4) 代入式 (6-2) 中，有：

$$F = \sqrt{\left(\frac{G}{2}\right)^2 + \frac{F_z^2}{4}} = \sqrt{60000^2 + \frac{64860^2}{4}} = 68203\text{N}$$

根据静力平衡方程计算空心齿轴对尾座主轴产生的反力 F_1' 和 F_2'。由 $\sum m_1 = 0$，有：

$$F_2' = \frac{250}{912} F = \frac{250}{912} \times 68203 = 18696\text{N}$$

由 $\sum m_2 = 0$，有：

$$F_1' = \frac{912}{912-250}F = \frac{912}{912-250} \times 68203 = 93959\text{N}$$

（2）空心齿轴受力分析。从上述尾座主轴的受力分析可知，空心齿轴对尾座主轴产生的反力为 $F_1' = 93959\text{N}$ 和 $F_2' = 18696\text{N}$。根据力的作用力和反作用力原理，尾座主轴必然对空心齿轴产生大小相等、方向相反的作用力 F_1 和 F_2，$F_1 = 93959\text{N}$ 和 $F_2 = 18696\text{N}$。空心齿轴用两个双列调心滚子轴承支承在尾座箱体孔中，轴承必然对空心齿轴产生支承反力 R_a 和 R_b。另外尾座主轴通过滑键（见图6-32）将螺纹加工所需的转矩传递给空心齿轴，该转矩为输入转矩 T_1。空心齿轴通过自身轮齿与齿轮54啮合，输出转矩 T_2。因此，空心齿轴的受力如图6-35所示。

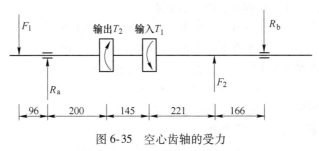

图 6-35 空心齿轴的受力

1）计算轴承处支承反力。根据静力平衡方程计算空心齿轴轴承支承处的反力 R_a 和 R_b。

由 $\sum m_a = 0$，有：

$$F_1 \times 96 + F_2 \times 566 - R_b \times 732 = 0$$

即

$$R_b = \frac{96F_1 + 566F_2}{732} = \frac{96 \times 93959 + 566 \times 18696}{732} = 26779\text{N}$$

由 $\sum m_b = 0$，有：

$$F_1 \times 828 - F_2 \times 166 - R_a \times 732 = 0$$

即

$$R_a = \frac{828F_1 - 166F_2}{732} = \frac{828 \times 93959 - 166 \times 18696}{732} = 102042\text{N}$$

2）计算输入、输出转矩。由于只有一个输入转矩 T_1 和一个输出转矩 T_2，因此，在不考虑损失的情况下，$T_1 = T_2$。

在螺纹加工过程中，进给运动所需的动力来源于 T_2。这一转矩通过一系列定比传动机构，将动力传给刀架下的丝杠，带动丝杠旋转。丝杠旋转运动产生的螺旋升力为螺纹加工的进给运动提供动力。

在螺纹加工切削运动中，存在切削力 F_z、进给力 F_x、径向力 F_y。三力中由

于 F_z 和 F_y 对进给导轨产生正压力作用，因此必然对刀架的运动产生阻碍的摩擦力 P_z 和 P_y。另外，由刀架自重产生的摩擦力 P_G 也会对刀架的进给运动产生阻碍作用，丝杠对刀架的进给运动产生轴向推力 Q'。根据力的平衡原则，有 $\sum F = 0$，即

$$Q' - F_x - P_z - P_y - P_G = 0$$

因此，丝杠轴向推力：

$$Q' = F_x + P_z + P_y + P_G \tag{6-6}$$

由切削力 F_z、进给力 F_x、径向力 F_y 之间的近似关系，取：

$$F_x = 0.4F_z，\quad F_y = 0.5F_z$$

由式（6-5）知：$F_z = 64860\text{N}$，因此有：

$$F_x = 0.4F_z = 0.4 \times 64860 = 25944\text{N}$$

$$F_y = 0.5F_z = 0.5 \times 64860 = 32430\text{N}$$

根据库仑静摩擦力定律，由切削力 F_z 产生的摩擦力 P_z 为：

$$P_z = fF_z = 0.15 \times 64860 = 9729\text{N}$$

式中　f——摩擦系数，对于铸铁摩擦表面，取 $f = 0.15$。

由径向力 F_y 产生的摩擦力 P_y 为：

$$P_y = fF_y = 0.15 \times 32430 = 4865\text{N}$$

由刀架重力 G 产生的摩擦力 P_G 为：

$$P_G = fG = 0.15 \times 10000 = 1500\text{N}$$

将上述计算结果代入式（6-6）中，得：

$$Q' = F_x + P_z + P_y + P_G = 25944 + 9729 + 4865 + 1500 = 42038\text{N}$$

根据力的作用力和反作用力原理，Q' 与丝杠上的轴向载荷 Q 这对作用力和反作用力大小必然相等，即 $Q = Q' = 42038\text{N}$。

$$T_d = \frac{d_2}{2}Q\tan(\lambda + \varphi) \tag{6-7}$$

式中　T_d——丝杠驱动力矩；

　　　d_2——螺纹中径；

　　　Q——轴向载荷；

　　　λ——螺旋升角；

　　　φ——摩擦角。

丝杠设计采用 T60×12 的梯形螺纹，则：

$$\lambda = \arctan\frac{s}{\pi d_2} = \arctan\frac{s}{\pi(d - 0.5s)} \tag{6-8}$$

式中　d_2——螺纹中径；

　　　d——螺纹公称直径；

　　　s——螺距。

将 $d = 60\text{mm}$、$s = 12$ 代入式（6-8）中得：

$$\lambda = \arctan \frac{12}{3.14 \times (60 - 0.5 \times 12)} = 4.06°$$

丝杠与丝母之间采用钢-黄铜作为摩擦副材料，考虑到摩擦副实际工作状态一般为边界摩擦，因此摩擦因数 f 取 0.1，则：

$$\varphi = \arctan f = \arctan 0.1 = 5.71°$$

$$d_2 = d - 0.5s = 54\text{mm}$$

将上述计算结果代入式（6-7），得：

$$T_d = \frac{d_2}{2}Q\tan(\lambda + \varphi) = \frac{0.054}{2} \times 42038 \times \tan(4.06 + 5.71) = 195.44\text{N·m}$$

$$(6-9)$$

考虑到机械传动中摩擦的存在，为了驱动机械运动实现其工艺目的而施加于机械上的驱动力，首先要克服摩擦力，因而输入的机械能量不可能全部转化为完成工艺目的的有用功，必须有一部分花费在克服摩擦上，即存在机械效率问题。同样，T_d 是由尾座主轴输入的转矩 T_1 经过一系列的定比传动副传递的力提供的，T_1 的大小必然受机械效率的影响。

机械效率的计算：整个传动链采用串联机构组合方式，其中有 9 对圆柱齿轮副，每对圆柱齿轮副传动效率取为 $\eta_1 = 0.97$；两对圆锥齿轮副，每对圆锥齿轮副传动效率取为 $\eta_2 = 0.95$；万向联轴器传动效率取为 $\eta_3 = 0.98$，则该传动链的机械总效率计算为：

$$\eta = \eta_1^9 \times \eta_2^2 \times \eta_3 = 0.97^9 \times 0.95^2 \times 0.98 = 0.672$$

在空套齿轴和进给丝杠之间，由于机械效率的作用，空套齿轴输入的功 W_d 与驱动丝杠工作的有用功 W_r 之间存在如下关系：

$$W_r = W_d \times \eta = 0.672W_d \qquad (6-10)$$

假定加工螺旋槽或螺纹的螺距 $s = 200\text{mm}$。根据式（6-1），有 $s = 192 \times \dfrac{Z_a}{Z_b} \times \dfrac{Z_c}{Z_d}$，则：

$$\frac{Z_a}{Z_b} \times \frac{Z_c}{Z_d} = \frac{200}{192}$$

上式中齿轮 a、b、c、d 齿数的取值有多种组合，但受挂轮架的结构尺寸限制，每级传动比小些有利，因此齿轮：a 和 b 可取齿数为 40，齿轮 c 可取齿数为 50，齿轮 d 可取齿数为 48。

这样，在空套齿轮和进给丝杠之间传动比 i 为：

$$i = \frac{54}{54} \times \frac{44}{44} \times \frac{44}{44} \times \frac{32}{64} \times \frac{25}{50} \times \frac{25}{50} \times \frac{25}{50} \times \frac{Z_b}{Z_a} \times \frac{Z_d}{Z_c} \times \frac{30}{40} \times \frac{40}{30} = \frac{Z_b Z_d}{16 Z_a Z_c}$$

$$= \frac{192}{16 \times 200} = 0.06$$

空套齿轴的输出功 W_d 为：

$$W_d = F_1 S_1 = F_1 \times (\pi d_1 n_1) = 2\pi n_1 \frac{F_1 d_1}{2} = 2\pi n_1 T_2$$

式中　F_1——空套齿轴上节圆作用的圆周力；

　　　S_1——在 F_1 作用下空套齿轴上啮合点的移动距离；

　　　d_1——空套齿轴的节圆直径；

　　　n_1——空套齿轴的转速；

　　　T_2——空套齿轴的输出转矩。

同理，进给丝杠的输入功 W_r 为：

$$W_r = F_2 S_2 = F_2 \times (\pi d_2 n_2) = 2\pi n_2 \frac{F_2 d_2}{2} = 2\pi n_2 T_d$$

式中　F_2——图 6-27 中齿轮 16 的圆周力；

　　　S_2——齿轮 16 在圆周力作用下的移动距离；

　　　d_2——齿轮 16 的节圆直径；

　　　n_2——齿轮 16 的转速；

　　　T_2——丝杠的输入转矩。

根据式（6-10）有：

$$2\pi n_2 T_d = 0.672 \times 2\pi n_1 T_2$$

$$T_2 = \frac{2\pi n_2 T_d}{0.672 \times 2\pi n_1} = \frac{T_d}{0.672} \times \frac{1}{i}$$

将前述计算结果 $T_d = 195.44 \mathrm{N \cdot m}$ 和 $i = 0.06$ 代入，则有：

$$T_2 = \frac{T_d}{0.672} \times \frac{1}{i} = \frac{195.44}{0.672} \times \frac{1}{0.06} = 4849 \mathrm{N \cdot m}$$

由此得出空心齿轴的输入转矩和输出转矩为：

$$T_1 = T_2 = 4849 \mathrm{N \cdot m}$$

3）轴的几何尺寸设计。根据杆件任意截面上的弯矩等于该截面一侧所有外力对该截面型心的力矩代数和，即 $M = \sum_{\text{一侧}} m_{oi}$，则：

$$M_{R_a} = -F_1 \times 0.096 = -93959 \times 0.096 = -9020 \mathrm{N \cdot m}$$

$$M_{F_2} = F_1 \times 0.662 - R_a \times 0.566 = 93959 \times 0.662 - 102042 \times 0.566 = 4445 \mathrm{N \cdot m}$$

根据上述计算结果，绘出空心齿轴的扭矩图与弯矩图，如图 6-36 所示。

b　空心齿轴的结构设计及校核

（1）按单一扭转强度条件对空心齿轴尺寸进行初步计算。由图 6-36（b）知，空心齿轴在尺寸 145mm 轴段受到扭转转矩的作用，其大小为 $T_1 = 4849 \mathrm{N \cdot m} =$

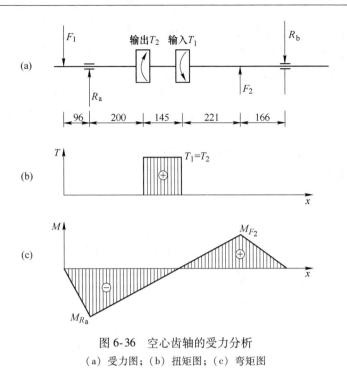

图 6-36 空心齿轴的受力分析
（a）受力图；（b）扭矩图；（c）弯矩图

4849000N·mm。现以该轴段为研究对象，按单一扭转条件，计算该轴段直径是否满足条件。

对于空心圆轴，抗扭截面模量 $W_t \approx 0.2d^3(1-\beta^4)$ ，则轴的外径应满足：

$$d \geqslant \sqrt[3]{\dfrac{T}{0.2(1-\beta^4)[\tau_T]}}$$

式中　　T——轴传递的转矩，$T = T_1$ ；

　　　　β——空心轴内外径之比，$\beta = 0.857$ ；

　　　　$[\tau_T]$——轴材料的许用扭转应力。

$$[\tau_T] = 0.6[\sigma_b] = 0.6 \times 980 = 588\text{MPa}$$

式中　　$[\sigma_b]$——轴材料的抗拉强度，考虑到空心齿轴受力情况复杂，材料取合金碳素结构钢40Cr，其调质料的强度值取 $[\sigma_b] = 980\text{MPa}$ 。

则：　　$d \geqslant \sqrt[3]{\dfrac{T}{0.2(1-\beta^4)[\tau_T]}} = \sqrt[3]{\dfrac{4849000}{0.2 \times (1-0.75^4) \times 588}} = 44.73\text{mm}$

鉴于空心齿轴上开有贯通键槽，因此将轴径增大20%，即

$$d \geqslant 44.73 \times 1.2 = 53.68\text{mm}$$

考虑到空心齿轴内部要安装尾座心轴，同时考虑空心齿轴上安装滑键等轴上零件的定位和固定要求，取空心齿轴的最大外径为 $d = 210\text{mm}$ ，轴的内径 $d_1 =$

180mm。显然空心齿轴的直径远大于按单一扭转强度条件计算的空心齿轴直径，因此该轴的抗扭强度是可靠的。

（2）按弯、扭合成强度条件校核空心齿轴。

由图 6-36 可知，在尺寸为 145mm 的轴段，空心齿轴不但受到扭矩作用，而且还受到弯矩的作用，因此此轴段为危险轴段。下面对该轴段按弯扭合成强度条件进行校核。

该转轴上的载荷的大小、方向及作用位置已知，支承位置已定，采用第三强度理论进行校核：

$$\sigma_{ca} = \sqrt{\sigma^2 + 4{\tau_T}^2} \leqslant [\sigma_b]$$

上式可改写成：

$$\sigma_{ca} = \sqrt{\left(\frac{M}{W}\right)^2 + 4\left(\frac{T}{W_t}\right)^2} \leqslant [\sigma_b]_{-1}$$

式中　W ——轴的抗弯截面模量；

　　　W_t ——轴的抗扭截面模量。

$$W = W_z = \frac{I_z}{y_{max}} = \frac{\pi D^4 \left[1 - \left(\dfrac{d}{D}\right)^4\right]}{64 \times \dfrac{D}{2}} = \frac{\pi \times 0.21^3 \times \left[1 - \left(\dfrac{0.18}{0.21}\right)^4\right]}{32} = 418 \times 10^{-6} m^3$$

$$W_t = \frac{\pi D^3 (1 - \alpha^4)}{16} = \frac{\pi \times 0.21^3 \times \left[1 - \left(\dfrac{0.18}{0.21}\right)^4\right]}{16} = 836 \times 10^{-6} mm^3$$

根据图 6-36（c）所示，空心齿轴在尺寸 145mm 轴段的最大弯矩 M_{T_2} 为：

$M_{T_2} = -F_1 \times 0.296 + R_a \times 0.2 = -93959 \times 0.296 + 102042 \times 0.2$

　　　$= -7403.5 N \cdot m$

T_2 作用剖面的计算应力为：

$$\sigma_{ca} = \sqrt{\left(\frac{M_{T_2}}{W}\right)^2 + 4\left(\frac{T_2}{W_t}\right)^2} = \sqrt{\left(\frac{-7403.5}{418 \times 10^{-6}}\right)^2 + 4 \times \left(\frac{4849}{836 \times 10^{-6}}\right)^2}$$

$= 21.17 \times 10^6 Pa = 21.17 MPa$

材料 40Cr 的疲劳极限为：

$$[\sigma_b]_{-1} = 89 MPa$$

可见，$\sigma_{ca} < [\sigma_b]_{-1}$，在尺寸 145mm 轴段，所取尺寸能保证轴的弯扭强度要求。

（3）按静强度条件计算安全系数。空心齿轴在加工过程中存在瞬时过载，如加工中遇到硬质点、切削深度变化以及切入与切出等情况下，必然出现尖峰载荷或载荷波动。在尖峰载荷作用下，空心齿轴可能发生塑性变形。因此，按尖峰载荷对空心齿轴进行静强度校核，其计算式为：

$$S_0 = \frac{S_{0\sigma} S_{0\tau}}{\sqrt{S_{0\sigma}^2 + S_{0\tau}^2}} \geqslant [S_0]$$

$$S_{0\sigma} = \frac{\sigma_s}{\sigma_{max}}$$

$$S_{0\tau} = \frac{\tau_s}{\tau_{max}}$$

式中　S_0——静强度计算安全系数；

　　　$S_{0\sigma}$——仅受弯矩作用时的静强度安全系数；

　　　$S_{0\tau}$——仅受转矩作用时的静强度安全系数；

　　　$[S_0]$——静强度许用安全系数，空心齿轴材料为 40Cr，经调质处理后，塑性中等，取 $[S_0]=1.8$；

　　　σ_s——材料抗弯屈服强度极限，MPa，取 $\sigma_s=50$MPa；

　　　τ_s——材料抗扭屈服强度极限，MPa，取 $\tau_s=60$MPa；

　　　σ_{max}——由尖峰载荷作用产生的弯曲应力，MPa；

　　　τ_{max}——由尖峰载荷作用产生的扭转应力，MPa。

$$\sigma_{max} = \frac{M_{max} y_{max}}{I_z} = \frac{9020 \times \frac{0.21}{2}}{\frac{\pi \times 0.21^4}{64} - \frac{\pi \times 0.18^4}{64}} = 21567453\text{Pa} \approx 21.57\text{MPa}$$

式中　σ_{max}——空心齿轴所受最大弯曲应力；

　　　M_{max}——空心齿轴所受的最大弯矩，由图 6-36 知 $M_{max}=M_{R_a}=9020$N·m；

　　　I_z——计算截面对 z 轴的惯性矩，空心轴 I_z 的计算公式为 $\frac{\pi \times D^4}{64} - \frac{\pi \times d^4}{64}$，$D$ 表示外圆直径，d 表示内孔直径；

　　　y_{max}——横截面上到中性轴的最大距离，空心齿轴的直径为 $d=210$mm，故取 $y_{max}=0.21/2$m。

$$\tau_{max} = \frac{T_1}{W_t} = \frac{4849}{5.267} = 9.21 \times 10^6 \text{Pa} = 9.21\text{MPa}$$

式中　τ_{max}——空心齿轴所受最大剪切应力；

　　　T_1——空心齿轴所受扭矩，由前述知，$T_1=4849$N·m；

　　　W_t——抗扭截面模量，$W_t=\frac{\pi d^3}{16}(1-\alpha^4)$，$\alpha=d/D$，由前述知空心齿轴 $d=180$mm，$D=210$mm，因此 $W_t=5.267$m³。

则：

$$S_{0\sigma} = \frac{\sigma_s}{\sigma_{max}} = \frac{50}{21.57} = 2.32$$

$$S_{0\tau} = \frac{\tau_s}{\tau_{\max}} = \frac{60}{11.6} = 5.17$$

$$S_0 = \frac{S_{0\sigma} S_{0\tau}}{\sqrt{S_{0\sigma}^2 + S_{0\tau}^2}} = \frac{2.32 \times 5.17}{\sqrt{2.32^2 + 5.17^2}} = 2.11$$

可见：$S_0 > [S_0] = 1.8$。这表明，该空心齿轴工作可靠性好，能满足设计要求。

根据以上校核计算可知，该轴的强度能满足工作要求。下面根据安装结构要求，设计空心齿轴的详细零件图，如图 6-37 所示。空心齿轴的齿面需经过表面淬火处理，以提高表面接触疲劳强度，延长使用寿命。图 6-37A 向视图中的键槽为安装滑键的位置。采用这种安装方式，而不是采用传统的轴上加工键槽，孔内插键槽通孔，然后安装平键在轴上，与孔形成配合的方式，主要是考虑到：孔内插键槽，使壁厚较薄的空心齿轴的强度降低，并且孔太长，加工难度大。空心齿轴具体尺寸如图 6-37 所示。

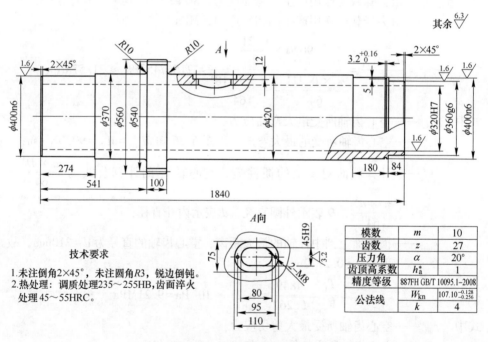

图 6-37　空心齿轴设计详图

c　空心齿轴上的支承轴承的设计与校核

空心齿轴承受的轴向载荷小，而承受的径向载荷较大，且要求有一定的自动调心功能，以保证毛坯中心孔出现歪斜时能保证加工的正常进行，因此空心齿轴的支承轴承选用双列调心滚子轴承。如图 6-36 所示，在空心齿轴左、右两端轴承处，左端支承，产生的径向载荷最大，以下便以左端轴承作为研究对象进行设计和校核。根据轴的尺寸并考虑设计的整体协调性，初步选择使用轴承型号为23040。由于尾座主轴产生的后坐力通过尾座部件中的螺杆传给了箱体，对空心齿轴的产生的轴向内力不大，因此，空心齿轴所受的轴向力在其结构尺寸和强度校核中可以忽略。

由于落地车床均属重型车床，主轴转速常在 $10 \sim 50 \mathrm{r/min}$ 之间，轴承工况为低速重载，引起失效的形式多为表面接触疲劳点蚀，因此按防止疲劳点蚀的寿命进行计算。

$$P = XR + YA$$

式中　P——轴承的当量动载荷；

　　　R——径向载荷；

　　　A——轴向载荷；

　　　X——径向系数，取 $X = 1$；

　　　Y——轴向系数。

由于轴向载荷较小，可以忽略不计，因此：

$$P = XR = R_\mathrm{a} = 102.042 \mathrm{kN}$$

查表知轴承 23040 的当量额定动载荷为 $C = 580 \mathrm{kN}$，则轴承寿命为：

$$L_{10h} = \frac{10^6}{60n} \left(\frac{C}{P} \right)^\varepsilon$$

式中　n——轴承转速，$\mathrm{r/min}$，机床主轴转速范围为 $1.12 \sim 56 \mathrm{r/min}$，在此取 $n = 56 \mathrm{r/min}$；

　　　ε——寿命指数，对于滚子轴承取 $\varepsilon = \dfrac{10}{3}$。

由此有：

$$L_{10h} = \frac{10^6}{60n} \left(\frac{C}{P} \right)^\varepsilon = \frac{10^6}{60 \times 56} \left(\frac{580}{102.042} \right)^{\frac{10}{3}} = 97534 \mathrm{h}$$

该尾座利用率高，按每日工作 8h 计算，预期使用寿命要求在 20000 ~ 30000h，显然该轴承的设计寿命远超预期寿命范围的上限，能满足轴承的寿命要求。

d　空心齿轴上轮齿的设计与校核

在螺纹进给传动链中，采用齿轮传动机构进行运动的传递，必须保证齿轮传动的可靠性。齿轮的失效形式有轮齿折断、齿面磨损、齿面点蚀、齿面胶合和塑性变形等。针对这些失效形式和传动链齿轮的工作状况，下面按齿面接触疲劳强度和齿根弯曲疲劳强度两种计算准则进行计算和校核。

　　根据能量守恒，在不考虑能量损失的情况下，各传递齿轮传递的功相同，即：

$$W_1 = W_2 = W_3 = \cdots$$

$$W_1 = F_{t1} S_1 = F_{t1} \times \pi d_1 \times n_1 = T_1 \times 2\pi \times n_1$$

$$W_2 = F_{t2} S_2 = F_{t2} \times \pi d_2 \times n_2 = T_2 \times 2\pi \times n_2$$

$$W_3 = F_{t3} S_3 = F_{t3} \times \pi d_3 \times n_3 = T_3 \times 2\pi \times n_3$$

$$\vdots$$

式中　W_1，W_2，W_3，…——每个传动齿轮所做的功；

　　　　F_{t1}，F_{t2}，F_{t2}，…——每个传动齿轮所受的圆周力；

　　　　S_1，S_2，S_3，…——每个传动齿轮受圆周力移动的距离；

　　　　d_1，d_2，d_3，…——每个传动齿轮的分度圆直径；

　　　　n_1，n_2，n_3，…——每个传动齿轮的转速；

　　　　T_1，T_2，T_3，…——每个传动齿轮的转矩。

即有：　　　　$T_1 \times 2\pi \times n_1 = T_2 \times 2\pi \times n_2 = T_3 \times 2\pi \times n_3 = \cdots$

　　可见，转矩与转速呈反比。由于在落地车床上加工的螺纹一般导程较大，常采用增速传递，在传动链初级上的转速较低，而在传动链末级的转速较高，因此传动链初级上的转矩相对较大，而转矩的大小对齿轮的齿面接触疲劳强度和齿根弯曲疲劳强度均有较大影响。同时考虑到空心齿轴为整个装置的关键零件，制造难度较大，安装维修困难，因此下面将以空心齿轴和与之配对的轮齿作为计算和校核对象。

　　根据空间结构和齿轴的结构形状，初步设计齿轴轮齿的分度圆直径 $d_1 =$ 270mm；与之配对齿轮分度圆直径 $d_2 = 270$mm；齿轮模数 $m = 10$；齿轮副中心距 $a = 270$mm；齿宽 $b = 60$mm，$Z_1 = Z_2 = 27$。

　　空心齿轴材料选用 40Cr，热处理调质后，抗拉强度极限 $\sigma_{b1} = 980$MPa，屈服强度极限 $\sigma_{s1} = 785$MPa，齿面进行表面淬火处理，淬火后硬度达 50~60HRC。与之配对齿轮材料初步选择为常用材料 45 钢，热处理调质后，抗拉强度极限 $\sigma_{b2} = 650$MPa，屈服强度极限 $\sigma_{s2} = 360$MPa，齿面均进行表面淬火处理，淬火后硬度达 45~50HRC。

　　（1）齿轮轮齿的齿面接触疲劳强度校核。齿面接触疲劳强度条件为：

$$\sigma_H = Z_H Z_E Z_\varepsilon \sqrt{\frac{2KT_1}{bd_1^2} \frac{u \pm 1}{u}} \leqslant [\sigma_H] \tag{6-11}$$

式中　Z_H——节点区域系数，取 $Z_H = 2.5$；

　　　　Z_E——弹性系数，取 $Z_E = 189.8\sqrt{\text{MPa}}$；

　　　　Z_ε——重合度系数，取 $Z_\varepsilon = 0.087$；

　　　　K——载荷系数，$K = K_A K_v K_\beta K_\alpha = 1.25 \times 1.05 \times 1.0 \times 1.1 = 1.44$；

u——齿轮副分度圆比例系数，$u = d_2/d_1 = 1$；

$[\sigma_H]$——接触疲劳强度许用极限，采用表面淬火，取 $[\sigma_H] = 1100\text{MPa}$。

则：$\sigma_H = Z_H Z_E Z_\varepsilon \sqrt{\dfrac{2KT_1}{bd_1^2}\dfrac{u \pm 1}{u}} = 2.5 \times 189.8 \times 0.087 \times \sqrt{\dfrac{2 \times 1.44 \times 4849000}{50 \times 270^2} \times 2}$

$= 114.27\text{MPa}$

显然，$\sigma_H < [\sigma_H]$，齿面接触疲劳强度能满足使用要求。

（2）齿轮轮齿的齿根弯曲疲劳强度校核。轮齿的弯曲疲劳强度以齿根处为最弱。进行轮齿的弯曲疲劳强度计算时，将齿视为悬臂梁，用30°切线法确定齿根危险截面的位置。

齿根弯曲疲劳强度计算的强度条件为：

$$\sigma_{F1} = \frac{2KT_1}{bd_1 m}Y_{Fa1}Y_{sa1}Y_\varepsilon \leqslant [\sigma_F]_1 \tag{6-12}$$

$$\sigma_{F2} = \frac{2KT_2}{bd_2 m}Y_{Fa2}Y_{sa2}Y_\varepsilon \leqslant [\sigma_F]_2 \tag{6-13}$$

式中　Y_{Fa}——齿轮载荷作用于齿顶时的齿形系数，取 $Y_{Fa1} = Y_{Fa2} = 2.6$；

$\quad\quad Y_{sa}$——齿轮应力修正系数，取 $Y_{sa1} = Y_{sa2} = 1.6$；

$\quad\quad Y_\varepsilon$——重合度系数，取 $Y_\varepsilon = 0.69$；

$\quad\quad [\sigma_F]$——主动轮弯曲疲劳许用极限，取 $[\sigma_F]_1 = 380\text{MPa}$，$[\sigma_F]_2 = 300\text{MPa}$。

$$\sigma_{F1} = \frac{2KT_1}{bd_1 m}Y_{Fa1}Y_{sa1}Y_\varepsilon = \frac{2 \times 1.44 \times 4849000}{60 \times 270 \times 10} \times 2.6 \times 1.6 \times 0.69$$

$$= 247.44\text{MPa}$$

$$\sigma_{F2} = \sigma_{F1} = 247.44\text{MPa}$$

可见，$\sigma_{F1} < [\sigma_F]_1$、$\sigma_{F2} < [\sigma_F]_2$，齿根弯曲疲劳强度能满足使用要求。

6.9.2.5　离合器结构设计

A　单一位置啮合离合器结构设计及计算

图6-38所示为单一位置啮合离合器的结构。图中采用圆柱销来进行啮合，进而传递转矩，主要是因为销孔配合便于制造，啮合后无相对滑动，施加的轴向力小，可靠性高，易于实现主动和被动离合元件只在固定的相互位置结合。又因为主、被动离合元件的相互转动速度较低，最大为56r/min，所以采用销轴配合实现离合器的闭合和打开是合理的。

为提高销轴配合的可靠性，采用两圆柱销来进行圆周力的传递，但由于圆柱销与被动离合齿轮上设置的孔采用间隙配合，必然存在定位误差，两销难以同时受力，因此下面以一个圆柱销的受力进行计算。由于在从尾座主轴到进给刀架的传动系统中，在被动离合齿轮之前的传动副均属于定比传动，转速相同，根据能量守恒原则，$W = FS = F \times \pi d \times n_1 = T \times 2\pi \times n$，因此，在不考虑能量损失的情况下，

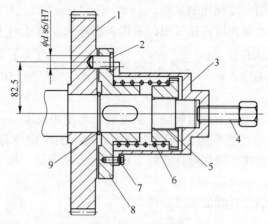

图 6-38　单一位置啮合离合器的结构

1—被动离合齿轮；2—圆柱销；3—连接套；4—螺栓；5—调整套；
6—弹簧；7—螺钉及垫圈；8—主动离合套；9—挡圈

传递的转矩是相同的，即传递转矩为：$T_3 = T_2 = 4849 \text{kN}$。

初步设定圆柱销距离离合器中心线的尺寸为 82.5mm。按纯剪切强度条件要求，为了保证轴销不被剪断，要求剪应力不应超过材料的许用剪应力 $[\tau]$，即剪切应力 τ 需满足：

$$\tau = \frac{Q}{A} \leqslant [\tau]$$

式中　Q——剪切面上的剪应力；

　　　A——剪切面积；

　　$[\tau]$——许用剪切应力。

由 $T_3 = Q \times \dfrac{D}{2}$ 有：

$$Q = \frac{2T_3}{D} = \frac{2 \times 4849000}{82.5} = 117552 \text{N}$$

由 $A = \pi d^2$ 有：

$$\tau = \frac{Q}{A} = \frac{205794}{\pi d^2} \text{MPa}$$

轴材料选为 45 钢，则 $[\sigma] = 600 \text{MPa}$，$[\tau] = 0.6 \times [\sigma] = 360 \text{MPa}$，因此有：

$$d \geqslant \sqrt{\frac{117552}{360\pi}} = 10.2 \text{mm}$$

鉴于加工过程中存在轻微冲击，应使离合器具有一定的安全裕量，圆柱销的尺寸取 $d = 20 \text{mm}$。离合器中圆柱销与孔采用过盈配合 s6/H7，如图 6-38 所示。为防止圆柱销 2 在使用过程中松动，在用螺栓将连接套 3 固定在主动离合套 8 上时，同时实现将圆柱销挡住，防止其松动后退。调整套 5 用于调整弹簧 6 的弹力大小。螺栓 4 用于实现手动脱开离合器。被动离合齿轮 1 空套在轴上，其左端靠在轴肩上，右端面用轴用弹簧挡圈实现固定；其右端凸缘面上，开有与圆柱销 2 配合的孔，孔口需进行倒圆角处理，起到引导销进入的作用，另外孔需进行表面淬火处理，以提高耐磨性。

图 6-39 为主动离合套的设计详图。图中尺寸 $\phi 20H9$ 为圆柱销的安装孔，共设计了两个，在圆周上呈 $160°$ 角布置，这主要是因为两个圆柱销可以提高安全性。虽然可能因为定位误差的作用，两销不能同时受力（通过上述校核计算，一销受力可以能保证强度要求），但即使受力的一销被折断，另一销仍然可以保证机构的可靠运行。同时在啮合过程中，如果两孔并未同时与销对齐，即使一个销滑过被动离合套的一个孔，另一个销也会顶在被动离合套的端面上，不能顺利滑入孔中，不能完成啮合。只有两孔同时与销对齐，在弹簧弹力作用下，主动离合套的圆柱销才能推入被动离合套的圆柱孔中，完成啮合过程。可见该零件的设计保证了离合器单一圆周位置啮合的要求。

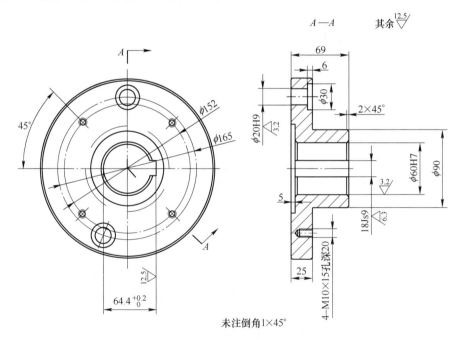

图 6-39　主动离合套设计详图

B　齿嵌式离合器结构设计及计算

为提高传动的可靠性，在传动链末级采用齿嵌式离合器。这主要是因为齿嵌式离合器采用内外齿圈啮合的形式，与端面齿啮合的牙嵌式离合器相比，主、被动元件不易产生相互滑动，且无需施加较大的轴向力压紧，结构简单，传递转矩大。另外，齿轮加工工艺性好，比端面牙容易制造，精度高。

图6-40所示为该齿嵌式离合器的结构。图中空套齿轮1与离合器被动齿轮2通过内六角螺钉6固定在一起。离合器主动齿轮3通过平键与轴连接在一起。外圆面滚花的圆螺母5上安装螺钉4，螺钉4前端与主动齿轮3左端外圆柱面上的环形槽配合。当拧动圆螺母5时，便会带动主动齿轮3前进或后退，实现离合器的闭合或脱开。

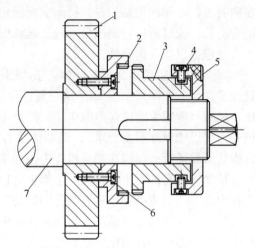

图6-40　齿嵌式离合器的结构
1—空套齿轮；2—被动齿轮；3—主动齿轮；
4，6—螺钉；5—滚花螺母；7—轴

齿嵌式离合器齿轮的设计上，如齿顶圆直径越大，模数越小，则齿数越多，每齿对应的圆心角就会越小，离合器闭合时出现顶齿的几率便会越低。另外该离合器主要作用是实现多线螺纹加工时的圆周分度，而在实现离合器闭合过程中，出现顶齿的情况在所难免，此时便需通过微量调整主动齿轮3和被动齿轮2的相互圆周位置，才能实现闭合。当齿数越多时，顶齿后微量调整的圆周角便会越小，圆周分度的分度误差的值也便越小，对提高加工精度便越有利。因此在被动齿轮2和主动齿轮3的尺寸设计上，齿顶圆的尺寸宜取大值，模数宜取小值。

图6-41为图6-40中主动齿轮3的详细设计图。图中齿轮采用渐开线圆柱齿轮，模数$m=2$，齿数$Z=100$。如前述分析，如出现顶齿，会造成多线螺纹分线误差，因此，下面就出现误差的大小进行计算。

在出现顶齿的情况下，只要通过调整被动齿轮2或主动齿轮3的圆周位置，并向顶齿角度方向偏转不大于1/2齿，便能使离合器闭合。因此，可以认为，造成的最大误差为1/2个齿。由于轴7到进给刀架上设置的进给丝杠之间为等比传动，当离合器处出现顶齿造成的分度误差为1/2个齿时，进给丝杠的旋转角度也为齿轮1的1/2个齿所对应的圆心角。而进给丝杠旋转齿轮1转过1/2个齿所对应的圆心角时，其带动刀架移动的距离便为分线误差S_W，该值可通过下式计算：

$$S_W = \frac{\Delta Z}{Z} \times \lambda = \frac{0.5}{100} \times 12 = 0.06\text{mm}$$

式中　λ——进给丝杠螺纹导程（螺距），$\lambda = 12\text{mm}$；

ΔZ——误差齿数；

Z——离合器齿轮齿数。

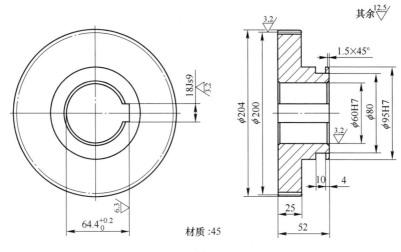

技术要求

1. 热处理：调质处理 230～250HB。
2. 未注倒角 2×45°，未注圆角 $R3$。
3. 锐边倒钝。
4. 齿两端面倒圆角处理。

模数	m	2
齿数	Z	100
压力角	α	20°
齿顶高系数	h_a^*	1
精度等级	887FH GB/T 10095.1—2008	
公法线	W_{kn}	$135.64_{-0.176}^{-0.088}$
	k	23

图 6-41　主动齿轮设计详图

多头螺纹分线误差最大为轴向 0.06mm，对于一般精度要求的重型零件，尤其是不需要与螺母配合的螺旋形槽，如绳槽，完全可以满足技术要求，如料车卷扬机卷筒、天车大车卷筒等。对于精度要求较高的多线螺纹，涉及同螺母配合的情况，如出现较大的分线误差，可能造成不能正常装配，此时可以制作齿数较多的离合器啮合齿轮来减少误差，但大直径配合螺纹很少，在现实生产中不常用，在此可以不予考虑。

下面对该离合器的强度和可靠性进行分析与计算。由于离合器齿轮在闭合后的工作过程中，相互位置固定，齿面无相对滑动，轮齿产生失效的形式最有可能的是齿体塑性变形，这属于轮齿整体失效。产生齿体塑性变形的原因是齿根处的弯曲应力超过轮齿的屈服强度。进行齿轮的弯曲正应力计算时，将齿视为悬臂梁，用30°切线法来确定齿根危险截面的位置。在内齿轮和外齿轮的强度上，由于内齿轮的齿根厚度较大，强度较高，可以不予考虑，因此重点校核外齿轮的强度。

为确定危险截面的具体位置，采用作图法，作出危险截面的位置，并测量出危险截面处的齿厚 S_F，如图 6-42 所示，齿根过渡圆角半径 $r = 0.4 \times$ 模数 $= 0.8$mm，危险截面齿厚 $S_F = 4.512$mm，危险截面距离分度圆在齿高方向的高度 $h_F = 2.163$mm。在啮合时，假定啮合线在齿轮的分度圆上，则 h_F 即为弯曲力作用的力臂。

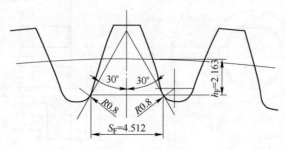

图 6-42　齿形图

工件材料初定为 45 钢，热处理采用调质处理后，对齿面进行表面淬火处理。屈服强度 $[\sigma_s] = 355$MPa。齿轮齿宽初定为 $b = 25$mm。梁的纯弯曲正应力的计算式为：

$$\sigma = \frac{My}{I_z} \tag{6-14}$$

式中　σ——梁弯曲时任意一点的正应力；

　　　M——作用于梁上的弯矩；

　　　y——横截面上任意一点到中性轴的距离，其最大值为 $y_{max} = 0.5 \times h_F = 0.5 \times 2.163 = 1.0815$mm；

　　　I_z——计算截面对 z 轴的惯性矩，其值为 $I_z = \dfrac{bh^3}{12} = \dfrac{25 \times h_F^3}{12} = \dfrac{25 \times 2.163^3}{12} = 21.083$mm^4。

单个轮齿作用的弯矩为：

$$M_{单齿} = F_t \times h_F = \frac{2T}{d \times Z} \times h_F$$

式中　F_t——作用于轮齿上的圆周力；

　　　Z——计算轮齿齿数，$Z = 100$；

　　　h_F——圆周力作用的力臂，$h_F = 2.163$mm；

　　　d——计算齿轮分度圆直径，$d = mZ = 2 \times 100 = 200$mm；

　　　T——作用于计算齿轮上的转矩。

由公式 $W = FS = F \times \pi d \times n = 2\pi Tn$ 知，在传动链中速度相同的两轴，在不考虑能量损失的情况下，其传递的转矩是相同的。由于从该离合器到进给刀架的传动系统均属于等比传动，转速相同，因此有 $T = T_d = 195.44\text{N} \cdot \text{m}$。则：

$$M_{单齿} = F_t \times h_F = \frac{2T}{d \times z} \times h_F$$

$$= \frac{2 \times 195440}{200 \times 100} \times 2.163 = 42.27\text{N} \cdot \text{mm}$$

将上述计算结果代入式（6-14）中，得单齿上产生的最大弯曲正应力为：

$$\sigma_{max} = \frac{M_{单齿}y_{max}}{I_z} = \frac{42.27 \times 1.0815}{21.083} = 2.168\text{MPa}$$

显然，在单齿上产生的最大弯曲正应力 $\sigma_{max} = 2.168\text{MPa}$ 远小于材料的屈服强度 $[\sigma_s] = 355\text{MPa}$。可见，该离合器是安全的，能满足使用要求。

6.9.2.6 挂轮架结构设计

挂轮架在整个传动机构中主要有两方面的作用：一方面是为挂轮的安装提供基础支承；另一方面是为两组挂轮副配凑中心距，使其上的挂轮能调整传动比，保证加工要求。如图 6-43 所示，挂轮架作为一个挂架，其上 $\phi 65H7$ 的孔安装在图 6-31 中的轴 9 上，左端面靠在轴肩上，右端面用挡圈挡住，与轴采用间隙配

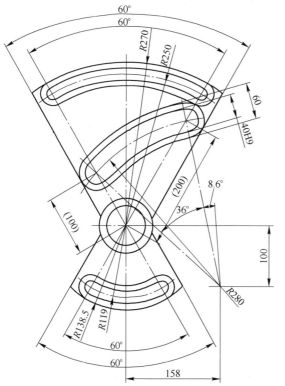
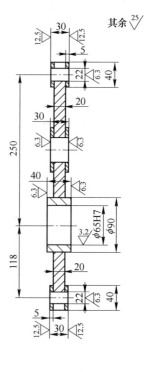

图 6-43 挂轮架的结构

合，可以围绕轴心线旋转，以便配凑出要求的中心距。尺寸 40H9 的槽是安装活动挂轮轴的滑动槽，该槽采用圆弧形状，在空间布置上，与 ϕ65H7 的中心孔呈倾斜布置，使活动挂轮轴与 ϕ65H7 中心孔的距离可以在 100~200mm 之间变动，以实现调整齿轮副中心距的目的。上下两条尺寸为 22mm 的夹紧圆弧槽的作用为夹紧挂轮架，当挂轮架的位置调整到位后，通过夹紧螺母（见图 6-31 中序号 2 所示），将挂轮架固定在箱体上。

　　下面对挂轮架的结构特点及使用情况进行分析。由于受到上述两条夹紧圆弧槽的限制，挂轮架在使用过程中两个极端位置的情况如图 6-44 所示。其中轴Ⅸ和轴Ⅹ之间的中心距为 a_1，轴Ⅹ和轴Ⅺ之间的距离为 a_2。在轴Ⅸ上安装挂轮 a，在轴Ⅹ上安装挂轮 b 和 c，在轴Ⅺ上安装挂轮 d，这样就形成 a 与 b 和 c 与 d 两对齿轮副，实现从轴Ⅸ到轴Ⅺ的传动。由于轴Ⅹ和轴Ⅺ之间的中心距受轴Ⅹ安装的滑动槽的位置限制，因此轴Ⅹ和轴Ⅺ之间的距离只能在尺寸 100~200mm 之间变动。针对 a_2 在尺寸 120mm 和 200mm 处的两个极限位置，a_1 的尺寸变化情况如下：

　　当 $a_{2\text{min}}=100\text{mm}$，$a_1$ 的变化范围为 280~380mm；

　　当 $a_{2\text{min}}=200\text{mm}$，$a_1$ 的变化范围为 120~280mm；

　　当 a_2 在尺寸 100~200mm 之间变化时，a_1 的最大值在 280~380mm 之间变化，最小值在 120~280mm 之间变化。

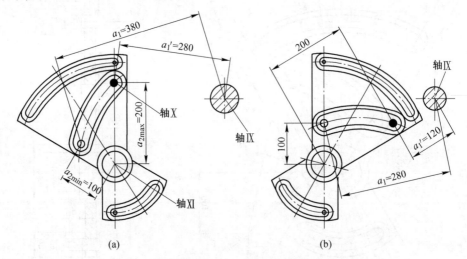

图 6-44　挂轮架的两个极端位置
（a）挂轮架偏摆左极限位置；（b）挂轮架偏摆右极限位置

　　由上述分析知，a_2 的变化范围较窄，在 100~200mm 变动。范围较窄的原因主要是要减小挂轮架的体积，使挂轮架在向轴Ⅸ靠近时不与轴Ⅸ发生干涉。而 a_1 的变化范围较宽，在 120~380mm 之间变化，这是因为挂轮架可以绕轴Ⅺ旋转。

在使用时，尽量使 a_1、a_2 的尺寸大致相等，而且应首先确定 a_2 尺寸，再确定 a_1 尺寸，如设计尺寸不能满足上述中心距要求，需对设计齿轮的齿数或模数进行必要的调整，以满足挂轮架的安装要求。

6.9.2.7　挂轮设计

挂轮的设计的一个重要要求就是传动精确、可靠。该挂轮机构在设计上，主要为满足大螺距的螺纹或螺旋槽的加工要求，如在大直径筒体上加工螺旋槽。因此在主轴到刀架的整个传动链的设计布局上，主要采用升速传递，以使被加工螺距和挂轮之间满足式（6-1）的要求，即 $s = 192 \times \dfrac{Z_a}{Z_b} \times \dfrac{Z_c}{Z_d}$。

在已知被加工螺距之后，应按以下顺序进行计算挂轮齿数（以被加工螺距为 100mm 为例进行说明）。

（1）初步确定挂轮 a、b、c、d 的齿数。

$$100 = 192 \times \frac{Z_a}{Z_b} \times \frac{Z_c}{Z_d}$$

则：

$$\frac{Z_a}{Z_b} \times \frac{Z_c}{Z_d} = \frac{100}{192}$$

在对挂轮 a、b、c、d 进行齿数分配时，应尽量使每一对传动副的传动比控制在：增速时，传动比大于 $\dfrac{1}{2}$；减速时，原则上传动比小于 4（由于结构限制，采用较大传动比会产生干涉现象）。在上述加工螺距为 100mm，由 $\dfrac{Z_a}{Z_b} \times \dfrac{Z_c}{Z_d} = \dfrac{100}{192}$，可初步确定各挂轮齿数为 $Z_a = 40$、$Z_b = 40$、$Z_c = 25$、$Z_d = 48$，或 $Z_a = 25$、$Z_b = 48$、$Z_c = 40$、$Z_d = 40$。挂轮齿数的配比方案有多种组合，可根据各企业常加工工件的螺距来确定，尽可能地减少备用齿轮的数量。

（2）确定模数 m。下面计算常规螺纹加工的挂轮在能保证齿轮强度条件下所需的最小模数。这样每次加工时，只需在大于或等于该模数范围内进行选取，便能设计出所需的挂轮，而不需要每次均进行校核。

根据式（6-9）可知，加工螺纹时丝杠所需的转矩为 $T_d = 195.44\text{N}\cdot\text{m}$，假如挂轮机构采用最大升速传动，即：

$$\frac{Z_a}{Z_b} \times \frac{Z_c}{Z_d} = \frac{2}{1} \times \frac{2}{1}$$

根据能量守恒原则，$W = FS = F \times \pi d \times n = T \times 2\pi \times n$。由此可知，在不考虑能量损失的情况下，在同一传动链中，速度越低的轴，其传递的转矩就越大。而上述挂轮机构采用升速传递，a 轮上的转速最低，因此，其传递的转矩最大。如果 4 个挂轮模数相等，则 a 轮在强度校核时可以确定为最危险齿轮。下面通过校核 a

轮所需模数来确定常规螺纹加工挂轮所需的最小模数。

a 轮上的转矩为：

$$T = 4T_d = 4 \times 195.44 = 781.76 \text{N} \cdot \text{m}$$

由于 a 轮上剪应力和压应力比弯曲应力小得多，因此以受拉边为计算依据，按齿根危险剖面的弯曲应力计算 a 轮所需最小模数。

根据公式：

$$m \geqslant \sqrt[3]{\frac{4KT_1}{\phi_d Z_1^2} \frac{Y_{Fa} Y_{sa} Y_\varepsilon}{[\sigma_F]}} \tag{6-15}$$

式中　ϕ_d——齿轮宽度与分度圆直径比，即 $\phi_d = \dfrac{b}{d_1}$，取 $\phi_d = 0.2$；

　　　K——载荷系数，$K = K_A K_v K_\beta K_\alpha = 1.25 \times 1.05 \times 1.0 \times 1.1 = 1.44$；

　　　Y_{Fa}——齿轮载荷作用于齿顶时的齿形系数，取 $Y_{Fa1} = 2.42$；

　　　Y_{sa}——齿轮应力修正系数，取 $Y_{sa1} = Y_{sa2} = 1.63$；

　　　Y_ε——重合度系数，取 $Y_\varepsilon = 0.58$；

　$[\sigma_F]$——接触疲劳强度许用极限，材料采用调质的碳钢，取 $[\sigma_F] = 310 \text{MPa}$；

　　　Z_1——齿轮齿数，由于属升速传动，故 Z_1 较大，取 $Z_1 = 40$ 作为参考进行计算。

将上述取值代入式（6-15）得：

$$m \geqslant \sqrt[3]{\frac{4KT}{\phi_d Z_1^2} \frac{Y_{Fa} Y_{sa} Y_\varepsilon}{[\sigma_F]}} = \sqrt[3]{\frac{4 \times 1.44 \times 781760}{0.2 \times 40^2} \times \frac{2.42 \times 1.63 \times 0.58}{310}} = 3.22$$

由此，可以初步确定，挂轮传动中，模数只要取 $m \geqslant 3.5$，便能满足弯曲强度对齿轮模数的要求。模数越大，轮齿弯曲强度越高，齿轮出现失效的几率就越小。

还以加工螺距 $s = 100 \text{mm}$ 为例，确定模数的大小。根据上述分析，各挂轮齿数为 $Z_a = 40$、$Z_b = 40$、$Z_c = 25$、$Z_d = 48$ 或 $Z_a = 25$、$Z_b = 48$、$Z_c = 40$、$Z_d = 40$。

如果取 $Z_a = 40$、$Z_b = 40$、$Z_c = 25$、$Z_d = 48$，选择模数为 5，则 a、b 挂轮的中心距 $a_1 = (40+40) \times 5 \times 0.5 = 200 \text{mm}$；c、d 挂轮的中心距 $a_2 = (25+48) \times 5 \times 0.5 = 182.5 \text{mm}$。而根据上述分析，当 a_2 在尺寸 100~200mm 之间变化时，a_1 最大值在 280~380mm 之间变化，最小值在 120~280mm 之间变化。显然，$a_1 = 200 \text{mm}$；$a_2 = 182.5 \text{mm}$ 完全可以满足挂轮的结构尺寸决定的对中心距的要求。

如果取 $Z_a = 25$、$Z_b = 48$、$Z_c = 40$、$Z_d = 40$，则 $a_2 = 200 \text{mm}$、$a_1 = 182.5 \text{mm}$，同样可以满足挂轮的结构尺寸决定的对中心距的要求。

因此，此处挂轮模数均取 $m = 5$，可以满足工作要求。

（3）计算加工的最小螺距。当加工小螺距螺纹时，根据 $s = 192 \times \dfrac{Z_a}{Z_b} \times \dfrac{Z_c}{Z_d}$，只

有在挂轮机构中采用降速传动，才能使 s 趋于减小，即齿轮 a、c 采用小齿轮，而齿轮 b、d 采用大齿轮。现在讨论齿轮 a 和 c 的最小直径和齿轮 b 和 d 的最大直径，从而确定传动比的大小。齿轮 a、b、c、d 的安装孔径均为 $\phi60H7$，齿轮 a、b、c 与轴颈均采用平键连接，齿轮 d 采用空套齿轮。以下计算，均假定所有齿轮模数为 $m=5$。

根据齿轮结构设计要求，齿轮齿根圆距键槽的距离 e 为：
$$e \geqslant 2m = 2 \times 5 = 10\text{mm}$$
则齿轮 a、c 的分度圆直径为：
$$d_a \geqslant 60 + 2e + 1.25m_a = 60 + 2 \times 10 + 1.25 \times 5 = 86.25\text{mm}$$
$$d_c \geqslant 60 + 2e + 1.25m_c = 60 + 2 \times 10 + 1.25 \times 5 = 86.25\text{mm}$$
圆整后齿轮 a、c 的分度圆直径取：
$$d_{amin} = d_{cmin} = 90\text{mm}$$

由于齿轮 a 与 b 的中心距 a_1 的最大值为 380mm，但若采用 380mm，则齿轮 c、d 之间的中心距 a_2 只能是 100mm，这样会使齿轮 c、d 之间的传动比受到限制，因此较好的取法是 a_2 取最大值 200mm，a_1 取 280mm，这样可以兼顾两对传动副的传动比。

若 a_1 取 280mm，则齿轮 b 的最大分度圆直径可初步取为：
$$d_{bmax} = 2 \times \left(a_1 - \frac{d_a}{2}\right) = 2 \times \left(280 - \frac{90}{2}\right) = 470\text{mm}$$

根据外啮合圆柱齿轮的传动比要求：
$$i_{ab} = \frac{Z_b}{Z_a} = \frac{d_b}{d_a} \leqslant 4$$
则齿轮 a 与 b 分度圆的取值暂定为 $d_{amin} = 90\text{mm}$、$d_{bmax} = 360\text{mm}$，此时传动比取为 $i_{ab} = 4$。

以下考虑干涉现象，当齿轮 b 的分度圆直径为 $d_{bmax} = 360\text{mm}$，其齿顶圆直径为 $d_{abmax} = 360 + 2m_b = 360 + 2 \times 5 = 370\text{mm}$，而安装齿轮 d 的轴肩直径为 $\phi65$，显然有：
$$\frac{d_{ab}}{2} + \frac{65}{2} = \frac{370}{2} + \frac{65}{2} = 217.5 > a_2 = 200$$

这说明，当齿轮 b 的分度圆直径 $d_{bmax} = 360\text{mm}$ 时，会与安装齿轮 d 的轴发生干涉。不发生干涉的齿轮 b 的分度圆的最大取值满足下式：
$$\frac{d_{bmax} + 2m_b}{2} + \frac{65}{2} = \frac{d_{bmax} + 2 \times 5}{2} + \frac{65}{2} = 200$$
即：
$$d_{bmax} = 325\text{mm}$$
则齿轮 a 与 b 分度圆的取值调整为 $d_{amin} = 90\text{mm}$、$d_{bmax} = 325\text{mm}$，此时传动比

取为 $i_{abmax} = 325 \div 90 = 3.611$。

同样，a_2 取 200mm，则齿轮 d 的最大分度圆直径可初步取为：

$$d_{dmax} = 2 \times \left(a_2 - \frac{d_c}{2} \right) = 2 \times \left(200 - \frac{90}{2} \right) = 310mm$$

则齿轮 c 与 d 分度圆的取值调整为 $d_{cmin} = 90mm$、$d_{dmax} = 310mm$，即传动比取为 $i_{cd} = \frac{310}{90} = 3.444$。

由以上计算知，该机构可加工的最小螺纹导程为：

$$s_{min} = 192 \times \frac{Z_a}{Z_b} \times \frac{Z_c}{Z_d} = 192 \times \frac{1}{i_{abmax}} \times \frac{1}{i_{cdmax}} = 192 \times \frac{1}{3.611} \times \frac{1}{3.444}$$
$$= 15.44mm$$

（4）计算加工的最大螺距。与前述加工最小螺距相比，加工最大螺距时，只有在挂轮机构中采用升速传动，才能使 s 趋于增大，即齿轮 a、c 采用大齿轮，而齿轮 b、d 采用小齿轮。

根据外啮合圆柱齿轮的传动比要求，齿轮 a 和齿轮 b 之间采用升速传动时，需满足：

$$i_{ab} = \frac{Z_b}{Z_a} = \frac{d_b}{d_a} \geq \frac{1}{2}$$

齿轮 c 和齿轮 d 之间采用升速传动时，需满足：

$$i_{cd} = \frac{Z_d}{Z_c} = \frac{d_d}{d_c} \geq \frac{1}{2}$$

此时，中心距的选取灵活性较大，为节省材料，可以将两齿轮传动副的中心距取在 150mm 左右。假如两对齿轮副的传动比均取为 1/2，中心距均取为 150mm，模数为 $m = 5$，则 4 个挂轮的分度圆直径分别为 $d_a = 200mm$，$d_b = 100mm$，$d_c = 200mm$，$d_d = 100mm$，齿轮的装配不会发生干涉现象，且能满足最小齿轮直径不小于 90mm 的要求。因此，两传动副的最小传动比可以取 $i_{abmin} = 0.5$、$i_{cdmin} = 0.5$，则：

$$s_{max} = 192 \times \frac{Z_a}{Z_b} \times \frac{Z_c}{Z_d} = 192 \times \frac{1}{i_{abmin}} \times \frac{1}{i_{cdmin}} = 192 \times \frac{1}{0.5} \times \frac{1}{0.5} = 768mm$$

通过上述分析及计算，可以粗略确定该装置加工螺纹的最大导程为 $s_{max} = 768mm$，加工螺纹的最小导程为 $s_{min} = 15.44mm$，齿轮的最小分度圆直径为 $d_{min} = 90mm$。

总之，该挂轮机构结构简单，完全能满足大直径工件的螺纹及螺旋槽的加工要求。尤其是大直径工件的螺纹及螺旋槽一般为非标螺距，且螺距尺寸较大，该机构在设计时便考虑到这一因素，其螺距计算公式中基数便是 192，使挂轮机构的传动比减小，这样既可以减小挂轮的尺寸，又有利于提高挂轮的重复利用率。

6.9.3 分体式落地车床螺纹加工专用装置的运用

在运用该螺纹加工装置时，应按以下步骤来进行：

（1）设计挂轮。首先应根据图纸要求的螺纹导程计算挂轮机构的总传动比，然后将传动比较为平均地分配给两个传动副，计算出每个挂轮所需齿数。设计挂轮时，要最大限度地使用已有的挂轮，以降低加工成本。所有挂轮最好使用相同模数，如模数 $m=5$ 或 $m=4$，以提高每个挂轮的利用率。在设计挂轮时，一定要考虑挂轮的安装是否会出现干涉现象，是否有利于其自身的装配和拆卸。

（2）安装尾座和工件。首先将尾座装置安装在机床的合适位置，然后将工件支承在车床夹盘和尾座之间，定位后夹紧工件。一定要注意，需将尾座顶尖上的传动用圆柱销插入工件顶尖孔旁的圆柱孔中，而顶尖需通过端面键与尾座部件中的尾座主轴在圆周方向固连在一起。在螺纹加工前的打顶尖孔工序中，需在工件上加工出两工艺孔，以安装传动用的圆柱销。

（3）安装刀架。根据工件上加工螺纹或螺旋槽的位置，确定刀架的安装位置，定位后夹紧在地平台上。

（4）连接位移调整部件。将位移调整箱及位移调整基座与尾座部件连接在一起，同时连接上联轴器 L_1，将位移调整座固定在地平台上，并将挂轮安装在挂轮架上。

（5）连接联轴器 L_2。将万向联轴器与刀架连接起来。

（6）加工相应外圆及端面。完成工件螺纹加工前的工步，为螺纹加工做准备。采用刀架上的进给传动机构进行加工，此时，螺纹加工用丝杠处于脱开状态。

（7）连接丝杠和刀架。合上开合螺母，将丝杠和刀架的传动链接通。

（8）将刀具位置调整到螺纹加工的起始点，开动机床进行螺纹加工。

在加工到螺纹终点时，应及时制动机床主轴，防止过冲。退出刀具，主轴反转，让刀具回到螺纹加工起始位置，调整吃刀深度后，进行下一工作行程的螺纹切削。

如果加工的是多线螺纹，应在加工完一线螺纹后，不脱开螺纹加工传动链，主轴打反车，将刀具回到螺纹加工的起始点，主轴停止转动，调整好下一线螺纹的首刀切深，然后进行以下动作（见图6-27）：

（1）脱开离合器 M_1。

（2）脱开离合器 M_2。

（3）拧动轴Ⅷ，使轴Ⅶ上的齿轮40旋转相应角度，如为双线螺纹，旋转180°，如为三线螺纹，旋转120°。

（4）闭合离合器 M_2。

（5）释放离合器 M_1 弹簧，为 M_1 的闭合做准备。

（6）开动机床，加工下一线螺纹。

在使用过程中，如遇到刀具折断等工况，在换刀过程中，不能脱开螺纹加工内联系传动链。若换刀后新刀具的刀尖位置发生了变化，应进行精确的调整。调整的方法为：脱开开合螺母，移动刀具，使刀具的刀尖与原加工刀尖轨迹一致，然后压下开合螺母，完成调整过程。如压下开合螺母有一定困难，可以稍微转动轴 XIII，由于传动链齿轮之间有间隙，可以帮助开合螺母的压下。

6.9.4　分体式落地车床螺纹加工专用装置的有益效果

在整个机构设计中，首先对传统机床尾座进行了改造，将机床主轴的运动通过尾座顶尖传出，然后通过两个锥齿轮副改变方向，将运动传递到横移调整箱，再通过倍增传动比齿轮副传递到挂轮机构，实现对螺纹加工内联系传动链的传动比调整。该装置在多头螺纹加工上，利用圆周单齿啮合离合器等机构，实现多线螺纹的圆周分线。该装置能很好地解决分体式落地车床加工螺纹困难的问题，且制造难度不大。在不需加工螺纹时，横移调整箱和尾座能很容易分开，安装拆卸均较容易。在可靠性方面，能较好地保证运动传递的准确性，完全能满足一般精度重型筒体类、大直径轴类零件的螺纹或螺旋槽的加工。

6.10　多功能宽适应电动装夹平台设计

6.10.1　多功能宽适应电动装夹平台的现实意义

在机械加工过程中，工件的定位与夹紧是重要的工艺步骤，它对加工质量和加工效率的提高有直接影响。提高定位和夹紧的效率一直是工艺技术人员不断努力的方向。

在大批大量生产中，开发设计专用夹具，是提高装夹效率较为有效的途径。但对于以单件小批生产为主的冶金机械、矿山机械等零件的加工，采用专用夹具会因专用夹具的制造费用高而使单件制造成本增加，经济性较差。因此发展具有通用性好的装夹工具是较好的选择，它可以提高夹具的利用率，降低工件的夹具费，从而降低工艺成本。

在工件装夹中，平口虎钳的利用频率较高，但平口虎钳在使用中存在一些问题，如不便装夹轴类零件；受钳口大小的限制，装夹范围有限；虎钳高度方向上，工件的调整不便等。为改善工件的装夹条件，开发出独具特色的多功能宽适应电动装夹平台，该平台具有以下特点：

（1）采用电动机提供动力，对工件进行夹紧，且夹紧力可调。

（2）装夹适应范围宽，即可装夹短轴类零件、板类零件，组合后也可装夹长轴类零件和梁类零件。

6.10.2 多功能宽适应电动装夹平台的总体设计

6.10.2.1 夹紧方案设计

在生产中，轴类零件常采用V形块进行装夹；板类零件常采用平口虎钳进行装夹。V形块难以对板类零件进行装夹，装夹轴类工件的尺寸范围也不大；同样，平口虎钳难以对轴类零件进行装夹，且受钳口调节范围限制，装夹工件范围较小。为提高装夹装备的利用率，提高其通用性，本设计采用如图6-45所示的装夹方案，该方案夹紧尺寸范围宽；通用性好，可以装夹轴类零件，也可装夹板类零件。

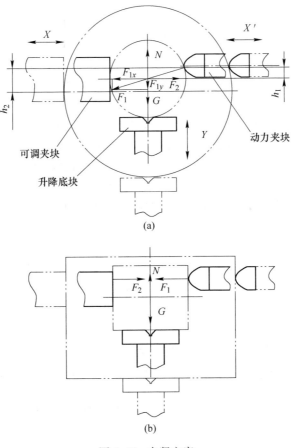

图 6-45 夹紧方案
（a）装夹轴类；（b）装夹板类

图6-45（a）所示为轴类零件的装夹。该夹紧机构主要工作部分由升降底

块、可调夹块、动力夹块组成。升降底块可以实现上下升降，如图 Y 方向，其工作面上设计有一小 V 形槽，对轴类零件起防滚作用和初始对心作用，但不起定位作用。可调夹块为平口钳，可左右伸缩，实现对轴类零件的左限位，如图 X 方向；动力夹块可以实现左右伸缩，如图 X' 方向，动力夹块前端夹持工作面为一圆弧面。当夹持工件时，在高度方向上，使工件中心处于动力夹块的夹持点的下方，如图 6-45（a）中装夹小直径轴的尺寸 h_1 和装夹大直径轴的尺寸 h_2。小直径轴受力分析如图 6-45（a）所示，由于 h_1 的存在，动力夹块提供的夹持力 F_1 在 Y 方向的分量 F_{1y} 垂直向下，与重力的方向一致，有利于工件的夹紧。

图 6-45（b）所示为板类零件的装夹。其装夹方式与普通平口虎钳的区别是，升降底块、可调夹块、动力夹块均可以大范围移动，大大提高了装夹工件的尺寸范围。

6.10.2.2　平台总体结构设计

为实现上述夹紧方案，设计了图 6-46 所示的装夹平台。该装备通用性好，利用率高，每一工件分摊的夹具费用低，可采用电动夹紧以降低操作工人的劳动强度，即动力夹块 6 的左右伸缩和升降底块的上下升降动力由减速电动机 1 提供，两者不同时动作。

在工件定位时，逆时针旋转手柄 11，使端面凸轮 13 旋转，带动安装在拨叉 10 上的销子向下运动，即拨叉向下运动，使滑移齿轮 23 与齿轮 25 啮合，从而将电动机传入的动力经过蜗轮蜗杆套 20、21 及滑移齿轮传入轴 26。轴 26 上部为螺纹，与升降导柱 2 形成螺纹配合状态。由于升降导柱受键 3 的限制，不能旋转，只能轴向移动，因此当轴 26 旋转时，便能带动升降底板上下升降，从而调整工件高度方向的位置。

在工件夹紧时，顺时针旋转手柄 11，使滑移齿轮 23 与齿轮 9 啮合，电动机的动力便会通过蜗轮蜗杆 20、21 及滑移齿轮传入轴 19。轴 19 的上部为螺纹，与导柱 8 形成螺纹配合状态。由于导柱不能旋转，只能轴向移动，因此当轴 19 旋转时，便带动杠杆 7 产生旋转，从而带动动力夹块 6 伸或缩，实现夹紧或松开。

由于杠杆 7 的夹紧行程不大，为增大动力夹块 6 的夹紧行程范围，将动力夹块 6 的结构位置设计成可调形式，在动力夹块 6 的下端加工出锯齿形螺纹，与推块 27 上的锯齿形螺纹形成配合，通过手工调整二者之间的相互位置，可以调整动力夹块 6 的初始位置。可调夹块 5 也设计成可调结构，由手轮 4 手工扳动提供动力，拧动螺杆推动可调夹块 5 实现快速伸缩，但可调夹块 5 不提供夹紧动力，只起限位作用。

6.10.3　主要参数的设计计算

6.10.3.1　弹簧调定弹力的计算

为实现夹紧力的调整并使电动机在达到夹紧力时停转，在蜗轮蜗杆副的设计

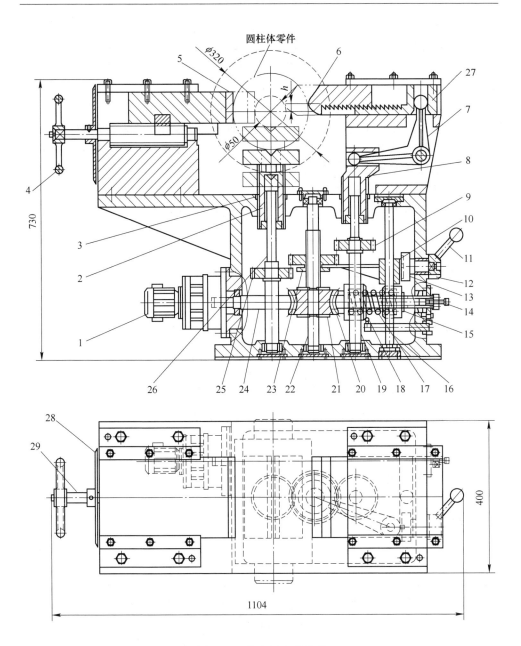

图 6-46 装夹平台的结构

1—减速电动机；2—升降导柱；3—键；4—手轮；5—可调夹块；6—动力夹块；7—杠杆；
8—导柱；9，25—齿轮；10—拨叉；11—手柄；12—钢球；13—端面凸轮；14—调节螺钉；
15，27—推块；16，19，22，24，26—轴；17—弹簧；18—限位开关；20—蜗轮；
21—蜗杆套；23—滑移齿轮；28—刻度盘；29—调整螺杆

上有别于传统结构。如图 6-46 所示，蜗杆套 21 通过内孔花键套装在轴 24 上，其左端靠在轴肩上，右端靠在弹簧 17 上。当夹紧力较小时，弹簧的调定弹力大于蜗杆啮合时产生的轴向分力，蜗杆不会产生向右的轴向移动，不能压下限位开关 18，夹紧动作继续进行。当夹紧力过大时，蜗轮对蜗杆产生的轴向推力超过弹簧的调定弹力，蜗轮推动蜗杆套克服弹簧弹力向右移动并压下限位开关 18，从而使电动机停转。弹簧弹力大小的调定是通过调节螺钉 14 来实现的。拧动调节螺钉 14，推动推块 15，进而推动弹簧 17 并使之产生压缩形变，从而使弹簧产生弹力。下面对弹簧的调定弹力进行计算。

设工件所需水平夹紧力为 $F_{夹}$，杠杆 7 的两力臂为等长，则由轴 22 上端螺纹产生的上举力等于 $F_{夹}$。由此可得螺纹副间的螺纹转矩 T_1 为

$$T_1 = F_{夹} \cdot \frac{d_2}{2} \tan(\psi + \rho_v) \tag{6-16}$$

式中　d_2——螺纹中径；

　　　ψ——螺纹升角；

　　　ρ_v——当量摩擦角。

根据力矩平衡条件，转矩 T_1 与蜗轮所受转矩 T_2 大小相等，方向相反，因此可得蜗轮所受转矩大小为：$T_2 = T_1$，则蜗杆所受轴向力 F_{x1} 为：

$$F_{x1} = \frac{2T_2}{d_{蜗轮}} = \frac{F_{夹} d_2}{d_{蜗轮}} \tan(\psi + \rho_v) \tag{6-17}$$

该轴向力应与设定的弹簧弹力大小相等，即 $F_{x1} = F_{弹}$。弹簧产生的弹力大小为：

$$F_{弹} = kx \tag{6-18}$$

式中　k——弹性系数；

　　　x——弹簧调定变形量。

将式（6-17）代入式（6-18）中有：

$$x = \frac{F_{弹}}{k} = \frac{F_{夹} d_2 \tan(\psi + \rho_v)}{k d_{蜗轮}} \tag{6-19}$$

设计轴 22 上端螺纹直径为 M30，则 $d_2 = 27.727\text{mm}$，$\psi = 2.302$，$\rho_v = 6.587$，蜗轮分度圆直径 $d_{蜗轮} = 120\text{mm}$，将这些数据代入式（6-19）中有：

$$x = \frac{F_{弹}}{k} = \frac{F_{夹} d_2 \tan(\psi + \rho_v)}{k d_{蜗轮}} = \frac{F_{夹}}{27.67k} \tag{6-20}$$

取弹簧中径为 $D_2 = 52\text{mm}$，有效圈数 $Z = 8$，弹簧丝直径 $d = 6\text{mm}$，弹簧丝的剪切弹性模量 $G = 80000\text{MPa}$，则弹性系数 k 为：

$$k = \frac{Gd^4}{8D_2^3 Z} = \frac{80000 \times 6^4}{8 \times 52^3 \times 8} = 11.52\text{N/mm}$$

将 $k = 11.52\text{N/mm}$ 代入式（6-20），有：

$$x \approx F_{\text{夹}}/319 \qquad (6\text{-}21)$$

根据具体加工对象和加工条件，可以估算出所需夹紧力 $F_{\text{夹}}$，然后可以根据式（6-21）对弹簧的压缩量进行调定。

6.10.3.2 平台的承重计算

如图 6-46 所示，轴 26 上端的螺纹及其配合螺母承受工件的重量。设计该螺杆轴的螺纹为锯齿形螺纹（S40×6）。螺母材料的强度低于螺杆，所以螺纹牙的剪切和弯曲破坏多发生在螺母处。根据螺母弯曲强度条件有：

$$\frac{3Q_p h}{z\pi d' b^2} \leqslant [\sigma_\text{b}] \qquad (6\text{-}22)$$

式中　b——螺纹牙根部宽度，$b = 0.74p = 4.44\text{mm}$（$p$ 为螺距，$p = 6\text{mm}$）；

　　　h——螺纹牙宽度，$h = 0.75p = 4.5\text{mm}$；

　　　d'——螺母小径，$d' = 31\text{mm}$；

　　　z——旋合圈数，$z = 8$；

　　$[\sigma_\text{b}]$——材料抗拉强度，$[\sigma_\text{b}] = 54\text{MPa}$；

　　　Q_p——螺母承受的轴向力。

将上述数据代入式（6-22），可得出螺母所能承受的极限轴向力 $Q_{p\max} = 61405\text{N}$。

考虑到安装工件时会有一定的冲击振动，因此取装夹平台的承重能力为 $5 \times 10^3\text{kg}$。

6.10.4 多功能宽适应电动装夹平台的使用

在使用时，如是轴类零件的装夹，需首先通过电动方式调整升降底板的位置，如需精确调整，可以点动调整，也可以通过图 6-46 中轴 24 右端设置的手动调整机构，利用扳手拧动来实现微量调整。上下位置调整好后，可以通过转动图 6-46 中手轮 4 来进行 X 方向的定位。当转动手轮时，装在螺杆 29 上的刻度盘 28 也一同旋转，通过控制刻度盘上的旋转刻度，便能控制可调夹块 5 在 X 方向的位置。设计调整螺杆 29 为螺距 6mm 的 T 型螺杆，刻度盘外圆尺寸设计较大，为 $\phi 250\text{mm}$，其上等分圆周的刻线数目为 120，每转动一个刻度，可调夹板 5 在 X 方向的移动距离为 0.05mm。如需精确调整，可利用深度游标尺测量并通过转动手轮 4 来控制可调夹块 5 的伸出量。在 X 和 Y 两个方向的位置确定好后，采用电动方式使动力夹块 6 左移来实现自动夹紧。

装夹板类零件与装夹轴类零件的步骤一样。

该装夹平台可以夹持轴类零件和板类零件，如图 6-47（a）和（b）所示。组合两装夹平台，可以夹持长轴和长的板类、梁形结构零件，如图 6-47（c）和（d）所示。

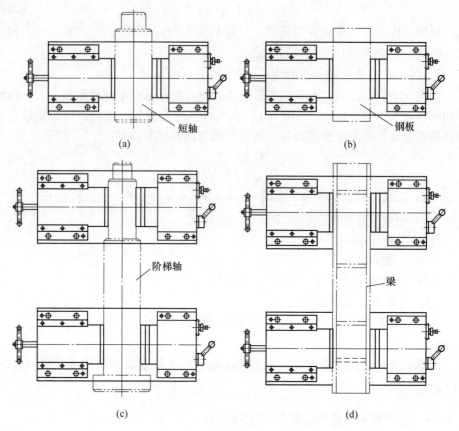

图 6-47 安装示意图

（a）短轴安装；（b）钢板安装；（c）阶梯轴安装；（d）梁安装

该装夹平台可以用于以下场合：

（1）加工时装夹轴类、板类、梁类零件，夹持轴类零件的尺寸范围为 $\phi 50 \sim$ 320mm，夹持板类、梁类零件的宽度为 50~320mm，高度应大于 50mm。该装夹平台主要用于大型落地式镗床、龙门镗铣床等重型镗铣类机床上对上述三类零件的装夹。

（2）作为钳工的组装平台，其夹持的零件的种类和参数与上述装夹加工零件相同，在该平台上可以完成轴类、板类和梁类零件或部件的组装、攻丝、清整等装配工作。

6.10.5 多功能宽适应电动装夹平台的有益效果

本装置在设计上改变了传统轴类和板类零件装夹夹具的结构布置，静钳口、动钳口、底板均能实现位置的快速重调，使装夹方便快捷，并大大扩大了装夹工件的尺寸范围，并且使用电动机提供夹紧动力，通过蜗杆组件的柔性化设计，即可保证夹紧力的有效调整，又可实现夹紧到位后，动力电机自动停转。

6.11 轧辊旋转装置设计

6.11.1 轧辊旋转装置的现实意义

轧辊在制造中，常采用风冷淬火或风冷正火热处理工艺。为提高热处理质量和改善冷却效果，需将轧辊旋转起来，使其表面能均匀冷却。但由于轧辊质量大，长径比大，为实现这一工作过程，需采用专门的机械装置来完成。然而，该类设备在国内还属于非标产品，各冶金机械制造厂采用的方案也不尽相同，有采用旧重型车床改造后夹持轧辊轴端进行传动的，也有设计专门设备进行传动的，但不论采用何种方案，上述设备往往质量大、占用厂房面积大、投资大、维修困难。

针对上述问题，本设计提供一种体积小，采用同步旋转，提高轧辊旋转准确率的轧辊旋转装置。

6.11.2 轧辊旋转装置的结构设计

如图 6-48 ~ 图 6-56 所示，本设计是由主动支撑箱 1、传动轴 2、联轴器 3、从动支撑箱 4 等组成。联轴器 3 数量为两件，分别设置在传动轴 2 两端并与其圆周固连，传动轴 2 两端设置的两联轴器 3 分别与主动支撑箱 1 上的主动轴 135 上设置的外伸轴段 1356 和从动支撑箱 4 上的主动轴 41 上设置的外伸轴段 411 实现连接，轧辊 J1 安置在主动支撑箱 1 和从动支撑箱 4 上设置的托辊组件 18 上。

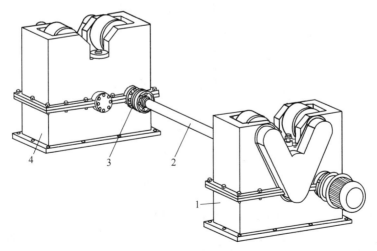

图 6-48 轧辊旋转装置的立体结构

1—主动支撑箱；2—传动轴；3—联轴器；4—从动支撑箱

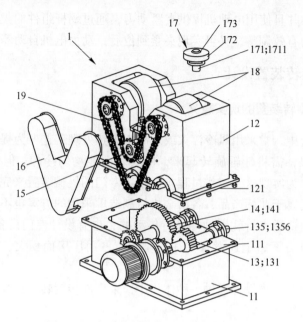

图 6-49　主动支撑箱装置立体结构分解图

1—主动支撑箱；11—基座；12—上箱座；13—主动轴组件；14—从动轴组件；15—张紧轮组件；
16—防尘罩；17—挡轮组件；18—两托辊组件；19—链条

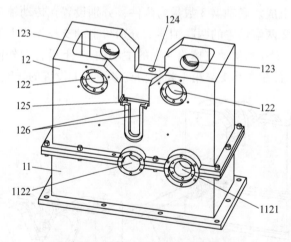

图 6-50　主动支撑箱装置立体结构

11—基座；12—上箱座

如图 6-49~图 6-52 所示，主动支撑箱 1 由基座 11、上箱座 12、主动轴组件
13、从动轴组件 14、张紧轮组件 15、防尘罩 16、挡轮组件 17、两托辊组件 18、
链条 19 组成。主动轴组件 13 和从动轴组件 14 均水平安置在基座 11 和上箱座 12
形成的合箱体内。主动轴组件 13 上设置的小齿轮 131 和从动轴组件 14 上设置的

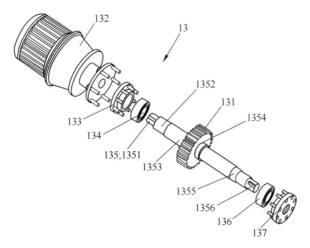

图 6-51 主动轴组件立体结构分解图

13—主动轴组件

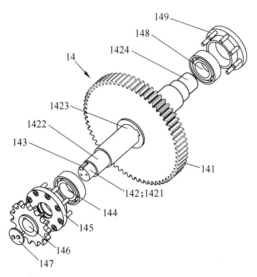

图 6-52 从动轴组件立体结构分解图

14—从动轴组件

大齿轮 141 啮合在一起。上箱座 12 上设置的分合面 121 安置并固连在基座 11 上设置的分合面 111 上，两者合箱后形成第一同轴孔系 1121 和第二同轴孔系 1122。

如图 6-49～图 6-51 所示，主动轴组件 13 由小齿轮 131、减速电动机 132、第一透盖 133、第一轴承 134、主动轴 135、第二轴承 136、第二透盖 137 组成。小齿轮 131 安置在主动轴 135 上设置的中间轴段 1353 上，并靠在主动轴 135 上设置的轴肩 1354 上。第一轴承 134 和第二轴承 136 内圈分别设置在主动轴 135 上设置

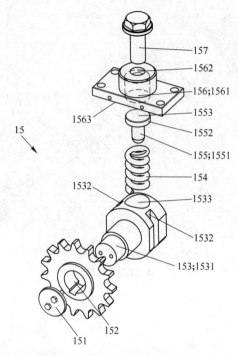

图 6-53　张紧轮组件立体结构分解图
15—张紧轮组件

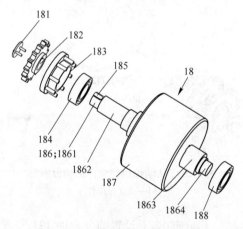

图 6-54　支撑轮组件立体结构分解图
18—支撑轮组件

的第一轴颈 1352 和第二轴颈 1355 上；外圈安置在基座 11 和上箱座 12 合箱后形成的第一同轴孔系 1121 内。第一透盖 133 和第二透盖 137 分别安置在合箱体上的第一同轴孔系 1121 两外端面上，实现第一轴承 134 和第二轴承 136 的轴向定

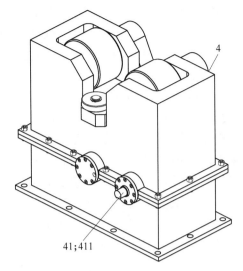

图 6-55 从动支撑箱装置立体结构

4—从动支撑箱

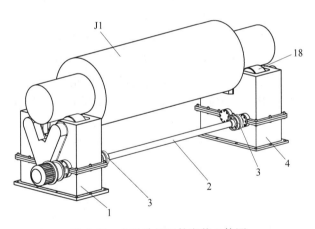

图 6-56 本设计的工件安装立体图

1—主动支撑箱；2—传动轴；3—联轴器；4—从动支撑箱；J1—轧辊

位，减速电动机 132 与主动轴 135 上设置的端头轴段 1351 连接，并固连在基座 11 和上箱座 12 的合箱体上。

如图 6-49、图 6-50、图 6-52 所示，从动轴组件 14 由大齿轮 141、从动轴 142、平键 143、第一轴承 144、透盖 145、主动链轮 146、轴端挡板 147、第二轴承 148、闷盖 149 组成。大齿轮 141 安置在从动轴 142 上设置的中间轴段 1423 上。第一轴承 144 和第二轴承 148 的内圈分别设置在从动轴 142 上设置的第一轴颈 1422 和第二轴颈 1424 上；外圈分别安置在基座 11 和上箱座 12 合箱后形成的第二同轴孔系 1122 内。透盖 145 和闷盖 149 分别安置在基座 11 和上箱座 12 合箱后形成的第二同轴孔系 1122 两外端面上，实现第一轴承 144 和第二轴承 148 的轴向定位。主动链轮 146 安置在主动轴 142 上设置的端头轴段 1421 上，并通过平键 143 和轴端挡板 147 分别实现圆周固连和轴向定位。

如图 6-49、图 6-50、图 6-53 所示，张紧轮组件 15 由轴端挡板 151、张紧链轮 152、滑轴 153、弹簧 154、滑柱 155、调整座 156、调整螺钉 157 组成。张紧链轮 152 安置并圆周固连在滑轴 153 上设置的端头轴段 1531 上，并用轴端挡板 151 实现轴向固定。弹簧 154 安置在滑轴 153 上设置的圆孔 1533 内。滑柱 155 上设置的第一轴段 1551 安置在弹簧 154 内孔内；第二轴段 1552 安置在调整座 156 上设置的内孔 1561 内。调整螺钉 157 安置在调整座 156 上设置的螺纹孔 1562 内，并顶在滑柱 155 上设置的圆平面 1553 上。滑轴 153 上设置的两内矩形导轨 1532 安置在上箱座 12 上设置的两外矩形导轨 126 上。调整座 156 上设置底平面 1563 安置并固连在上箱座 12 上设置的半封闭矩形环平面 125 上。

如图 6-49、图 6-50 所示，挡轮组件 17 由心轴 171、挡轮 172 和挡圈 173 组成。挡轮 172 设置在心轴 171 上，并用挡圈 173 实现轴向固定。心轴 171 上设置的轴段 1711 安置在上箱座 12 上设置的立圆孔 124 内。

如图 6-49、图 6-50、图 6-54 所示，托辊组件 18 是由轴端挡板 181、从动链轮 182、透盖 183、第一轴承 184、平键 185、支撑轴 186、托辊 187、第二轴承 188 组成。托辊 187 安置在支撑轴 186 上设置的中间轴段 1863 上。第一轴承 184 和第二轴承 188 的内圈分别安置在支撑轴 186 上设置的第一轴颈 1862 和第二轴颈 1864 上；外圈分别安置在上箱座 12 上设置的同轴孔系的盲孔 123 和通孔 122 内。透盖 183 安置并固连在上箱座 12 上设置的通孔 122 外端面上。从动链轮 182 安置在支撑轴 186 上设置的端头轴段 1861 上，并通过轴端挡板 181 和端头轴段 1861 上设置的平键 185 分别实现轴向定位和圆周固连。链条 19 设置在主动链轮 146、两从动链轮 182 和张紧链轮 152 上，形成环状传动链，防尘罩 16 罩住链条 19 和上述四链轮，并固连在基座 11 和上箱座 12 上。

如图 6-48、图 6-49、图 6-55 所示，从动支撑箱 4 的结构与主动支撑箱 1 相近，相对于二者的安装中心平面与主动支撑箱 1 呈对称布置。相较于主动支撑箱 1，从动支撑箱 4 中的主动轴在水平平面内设置在了从动轴的另一侧，且从动支撑箱 4 中的主动轴 41 只有一端有外伸轴段 411，且未设置有减速电动机。

6.11.3　轧辊旋转装置的传动过程

本设计采用四个托辊支撑轧辊。四个托辊分两组对称设置在主动支撑箱和从动支撑箱上，由安装在主动支撑箱上的减速电动机提供动力，实现同向等速旋转，从而实现轧辊等速旋转。

本设计的传动路线为：主动支撑箱上的减速电动机将运动传递给与其固连的设置在主动支撑箱内的主动轴，主动轴上设置的齿轮 131 与从动轴上设置的齿轮 141 啮合，实现一级齿轮减速后，驱动与大齿轮同轴固连的主动链轮运动。主动链轮通过链条将运动传递给相对于主动支撑箱中心平面对称布置的两从动链轮，两从动链轮与两托辊轴固连，而两托辊又与两托辊轴固连，于是安装在主动支撑箱上的减速电动机提供的动力最后传递给设置在主动支撑箱上的两托辊。同时减速电动机也通过与其固连的主动轴和与主动轴连接的联轴器，将运动传递给传动轴 2，传动轴 2 通过与其连接的联轴器将运动传递给从动支撑箱内设置的主动轴，再通过与主动支撑箱相同的齿轮传动和链传动将运动传递给设置在从动支撑箱上的两托辊。通过上述传递路线，减速电动机的动力就同步等速地传递给四个对称设置在主动支撑箱和从动支撑箱上的托辊。

6.11.4 轧辊旋转装置的有益效果

（1）能利用本设计实现轧辊的稳定可靠旋转。

（2）采用托辊四点同步等速旋转，使轧辊旋转运动准确可靠，提高风冷热处理的表面硬度的均匀性。

（3）设备结构简单，投资成本低，安装和维修方便。

6.12 高炉布料溜槽耐磨衬板整体浸润工装设计

高炉布料溜槽为炼铁高炉无料钟布料器中的一个关键部件，是冶炼料流进入高炉炉体的最后一个通道，通过布料溜槽的旋转实现高炉内炉料的均匀撒布。由于布料溜槽长期受到高速料流的冲击，极易磨损，且布料溜槽工作在炉体内部，长期处在高温（500℃左右）、侵蚀性较强的高炉煤气的环境下工作，因此材料的磨损和侵蚀严重。在布料溜槽各个部位中，溜槽内壁是料流通过的地方，磨损最为严重，因此一般设计可更换的衬板镶嵌在溜槽本体的内壁上，以便磨损后可以更换。更换衬板较为费时费力，而且高炉必须休风，会给生产带来较大损失，例如 1000m³ 高炉休风 24h，便会少产 2200t 生铁。可见对衬板的长寿化设计，具有较大的经济价值。本设计重点研究某型高炉布料溜槽衬板的 WC 浸润焊接制备工艺方法，从而提高衬板的使用寿命。图 6-57 为某型高炉衬板的零件图。

6.12.1 浸润焊接方案的确定

浸润焊接是一种钎焊焊接方法。WC 的浸润焊接是将熔点极高（2870℃）的 WC 粉与溜槽本体母材（ZG35）通过加入填充金属钎料（锰白铜），利用外部热源（煤气炉），使钎料熔化，从而将 WC 和母材浸焊在一起。由于是在封闭的煤气炉子中加热，为操作方便，采用无钎剂的浸润钎焊、活性 C 和活性气体 H_2 介

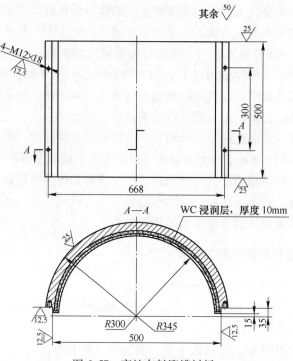

图 6-57　高炉布料溜槽衬板

质去膜的方法，可以克服钎剂去膜带来的清洗残渣的困难。具体方法为在装满钎焊材料的密闭容器中渗满煤油，煤油受热后分解生成 C、H_2，这些活性物质可以防止母材和钎料被氧化，保证钎焊区的低氧分压，并可直接与钎料和母材表面的氧化膜反应，从而将氧化膜去除，保证浸润焊接质量。

　　选择浸润用钎料时，考虑到工件处在高温和高污染环境中，要求耐热性和抗蚀性均好，且应有高的力学性能和变形能力，因此选择上述各方面均较好的锰白铜作为浸润焊接的钎料，其熔点在 1080℃。与衬板钎焊的材料为碳化钨粉，碳化钨的硬度极高，耐磨性好，与母材的浸润焊接后，可以满足对衬板的耐磨性要求。

　　归纳上述分析，高炉布料溜槽衬板 WC 浸润焊接方案为：将 WC 和锰白铜的混合料装填在一密闭空腔中，渗入煤油，放入煤气炉中加热、保温、冷却，实现WC 和衬板母材的浸润焊接。

6.12.2　加热温度工艺方案设计

　　热处理是整个浸润焊接过程中的关键环节，它主要包括以下几个节点：

　　（1）煤油的分解温度控制点。加热温度需达到煤油的分解温度，以分离出活性的 C 和 H_2。煤油的分解温度在 875℃左右，在高于 900℃的温度下，它分解比较完全，因此选择煤油分解的控制温度为 900℃±10℃。

（2）锰白铜的熔化的温度控制点、锰白铜（BMn3-12）的熔点为 960℃，考虑到温度对金属流动性的影响，选取锰白铜的熔化控制温度为 1150℃。

整个浸润过程的加热温度控制曲线如图 6-58 所示。

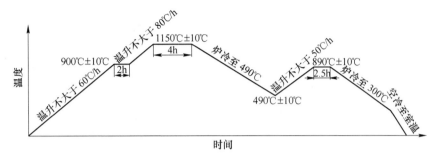

图 6-58　浸润加热温度曲线

在第一阶段加热，温度由室温升至 900℃±10℃，控制温升速度不大于 60℃/h。在这一阶段，温度大于 150℃后，煤油气化；温度大于 875℃后，煤油发生分解反应。在 900℃保温 2h，是为了让煤油分解完全，并在此期间完成对钎料、母材的去氧化膜处理。

在第二阶段加热，温升至 1150℃左右，保温 4h，完成浸润焊接。

第三阶段为冷却段，工件炉冷至 490℃左右。

在第四阶段，温度升至 890℃左右，保温 2.5h，然后工件炉冷至 300℃，再出炉空冷至室温，完成工件的完全退火，改善焊接区的组织缺陷，细化组织，均匀化学成分，提高焊接质量。

6.12.3　工艺装备的设计

高炉布料溜槽衬板的浸润工装如图 6-59 所示。为便于制造，衬板本体 1 为一整圈，每料可制两件衬板，在浸润完成后用机械加工方法切成两件。由于 WC 层的加工较为困难，因此设计两件隔板 10 将 WC 层隔开，以便在切开上下两半衬板时，机械加工较易进行，且使 WC 和锰白铜的使用量减少，有利于节约制造成本。外封圈 2、内封圈 9、盖板和下底板 8 四个构件将浸焊空间围成密封状态。钢管 5 的内孔为锥形孔，其上放置钢球 4，成为单向逆止阀，即铸焊内腔的气体允许外溢，但外部的氧气和脏煤气不能进入铸焊空间，以防止影响浸润焊接质量和发生爆炸等意外事故。

6.12.4　制造工艺过程

（1）铸造。本体采用铸钢件，材质为 ZG35，铸件经过退火处理转入金工

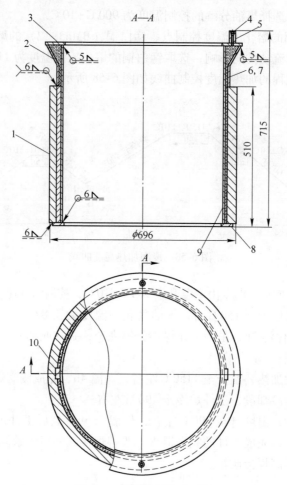

图 6-59 布料溜槽浸润工装

1—衬板本体；2—外封圈；3—盖板；4—钢球；5—钢管；6—WC 粉；
7—锰白铜；8—下底板；9—内封圈；10—隔板

车间。

（2）粗车。金工进行粗车，内孔及端面加工到尺寸，外圆单边留 3mm 精车余量。

（3）组焊。铆焊车间按图 6-59 进行组焊。在组焊前，各构件尤其是围成铸焊空腔的表面必须进行除锈处理，使用蝶形砂轮或纱布打磨出金属光泽，然后使用丙酮擦洗干净。

（4）煤油渗漏检验。检查所有焊缝是否有渗漏，合格后方可进入下一工步。

（5）装填 WC 和锰白铜。将 $250\sim420\mu m$ 的 WC 粉和锰白铜粉按 1∶1 的比例混匀后装填入型腔，用小锤敲实并高出浸焊面 $50\sim70mm$，再在上面封装满锰白铜粉。

    （6）封上盖板，焊接好。

    （7）装入干净煤油，要求装满铸焊型腔，并装好逆止阀钢球。

    （8）装炉，需放置平稳，并进一步补充煤油，不能有空隙，防止混入空气造成事故。

    （9）按加热工艺进行升温浸焊和退火。

    （10）气割掉型腔钢板等构件。

    （11）按零件图进行机械加工，达图要求。

6.12.5 技术经济分析

    该高炉布料溜槽 WC 浸润衬板的制备方案，实现了使用硬度极高的 WC 颗粒的高耐磨性来提高衬板使用寿命的目的。与传统的堆焊硬质合金层方案相比，该方案具有可靠性高，使用寿命长的特点；与采用高锰钢制作衬板的方案相比，使用寿命大幅提高，且更适应高炉炉体内恶劣的高温、高粉尘、高腐蚀环境。溜槽衬板采用浸润 WC 硬质合金层，耐磨性得到提高，使用寿命至少可提高 1 年以上，延长高炉炉顶的维修周期，减少高炉休风时间，可带来较大的经济价值。

参 考 文 献

[1] 胡运林. 落地车床螺纹加工装置设计 [J]. 制造技术与机床, 2011, 45 (11)：152-154.

[2] 胡运林. 高炉用旋塞阀研磨工装的设计 [J]. 机械, 2008, 4：59-60.

[3] 胡运林. 球刀加工表面质量的控制研究 [J]. 机床与液压, 2012, 40 (14)：37-38.

[4] 胡运林. 套筒滚子链齿数控铣削加工宏程序设计 [J]. 制造业自动化, 2011, 33 (12)：34-37.

[5] 胡运林. 高炉布料溜槽 WC 浸润焊接衬板的研制 [J]. 热加工工艺, 2011, 40 (19)：171-177.

[6] 胡运林. 开卷机四棱锥套铣削专用夹具设计 [J]. 现代制造工程, 2011, 31 (9)：90-92.

[7] 胡运林. 圆管体相贯坡口数控铣削加工技术的研究 [J]. 组合机床与自动化加工技术, 2012, 53 (2)：109-112.

[8] 胡运林. 差动斜楔精密微调镗刀排的研究 [J]. 现代制造工程, 2012, 32 (6)：78-80.

[9] 胡运林. 一种多功能宽适应电动装夹平台的研究 [J]. 现代制造工程, 2013, 33 (3)：83-86.

[10] 胡运林. 多工位圆锥面钻削专用夹具的设计 [J]. 机械制造, 2011, 49 (5)：66-68.

[11] 胡运林. 氧枪喷头车削专用夹具的设计 [J]. 机械, 2011, 38 (5)：62-64.

[12] 胡运林. 扩大锥度加工范围及尺寸的挂轮装置 [J]. 机械设计与制造, 2001, 3：80.

[13] 胡运林. 镗刀杆的改进 [J]. 机械工程师, 2001, 8：61.

[14] 胡运林. 大模数齿轮倒角机的研制 [J]. 机械制造, 2003, 2：29-30.

[15] 胡运林. 大型轧辊找正和夹紧专用工装的设计 [J]. 工具技术, 2003, 37 (4)：51.

[16] 胡运林. 链轮加工铣床工装的设计 [J]. 矿山机械, 2003, 5：59.

[17] 胡运林. 重型车床专用喷吸钻的设计 [J]. 机械, 2007, 11：47-49.

[18] 胡运林. 花纹轧辊自动加工工艺装备的设计 [J]. 装备制造技术, 2007, 9：36-37.

[19] 胡运林. 轴承座加工专用铣床工装的设计 [J]. 金属加工, 2008, 5：29-30.

[20] 胡运林. 机械制造工艺与实施 [M]. 北京：冶金工业出版社, 2011.

[21] 蔡光启, 马正元, 孙凤臣. 机械制造工艺学 [M]. 沈阳：东北大学出版社, 1994.

[22] 刘登平. 机械制造工艺及机床夹具设计 [M]. 北京：北京理工大学出版社, 2008.

[23] 钱同一. 机械制造工艺基础 [M]. 北京：冶金工业出版社, 1997.

[24] 高泽远. 机械设计 [M]. 沈阳：东北工学院出版社, 1991.

[25] 杨黎明. 机械零件设计手册 [M]. 北京：国防工业出版社, 1987.

[26] 机械设计手册编写组. 机械设计手册 [M]. 北京：化学工业出版社, 1979.

[27] 陈日曜. 金属切削原理 [M]. 北京：机械工业出版社, 1992.

[28] 曹俊南. 材料力学 [M]. 沈阳：东北大学出版社, 1993.

[29] 郝桐生. 理论力学 [M]. 北京：高等教育出版社, 1982.

[30] 李德锡. 机械原理 [M]. 沈阳：东北大学出版社, 1992.